高等职业教育系列教材

COMPUTER TECHNOLOGY

PHP程序设计

主　编｜鲁大林
副主编｜唐小燕　张金姬

机械工业出版社
CHINA MACHINE PRESS

本书以职业能力为目标，以项目设计为载体选取和组织教学内容。主要包括：PHP 简介、PHP 集成开发环境搭建、PHP 基本语法、流程控制语句、函数、数组及数组操作函数、字符串操作函数、正则表达式、数字操作函数、日期/时间操作函数、文件系统处理、图形图像处理、面向对象程序设计、PHP 与 Web 页面交互、PHP 操作 MySQL 数据库、Laravel 框架基础、Laravel 框架数据库操作与应用等内容。

本书结构清晰、图文并茂、实例丰富、实用性强，既可以作为高等职业院校相关专业的教学用书，也可以作为 PHP 程序设计初学者的学习用书，还可以作为 PHP 动态网页开发人员的技术参考书。

本书配有丰富的教学资源，包括每章的电子课件、习题答案及源代码等，并开发了微课和操作演示视频，通过扫描书中二维码就可实现知识点视频内容的观看，全面服务读者，使学习更加方便。电子课件、习题答案及源代码等教学资源包，需要的教师可登录 www.cmpedu.com 免费注册，审核通过后下载，或联系编辑索取（微信：13261377872，电话：010-88379739）。

图书在版编目（CIP）数据

PHP 程序设计 / 鲁大林主编. —北京：机械工业出版社，2023.2（2024.8 重印）

高等职业教育系列教材

ISBN 978-7-111-72498-8

Ⅰ. ①P… Ⅱ. ①鲁… Ⅲ. ①PHP 语言-程序设计-高等职业教育-教材 Ⅳ. ①TP312.8

中国国家版本馆 CIP 数据核字（2023）第 010621 号

机械工业出版社（北京市百万庄大街 22 号　邮政编码 100037）
策划编辑：王海霞　　　　　责任编辑：王海霞　孙　业
责任校对：贾海霞　张　薇　责任印制：刘　媛
涿州市般润文化传播有限公司印刷
2024 年 8 月第 1 版·第 2 次印刷
184mm×260mm·14 印张·364 千字
标准书号：ISBN 978-7-111-72498-8
定价：59.00 元

电话服务　　　　　　　　　网络服务
客服电话：010-88361066　　机　工　官　网：www.cmpbook.com
　　　　　010-88379833　　机　工　官　博：weibo.com/cmp1952
　　　　　010-68326294　　金　书　网：www.golden-book.com
封底无防伪标均为盗版　　　机工教育服务网：www.cmpedu.com

Preface 前 言

通过对当前不同行业的主流网站分析后发现，在淘宝、腾讯、京东商城、百度、网易、新浪、搜狐等互联网企业网站中，PHP 都有着非常广泛的应用。PHP 具有开发速度快、运行效率高、安全性好、可扩展性强、开源自由等特点，在 Web 开发领域占有非常重要的地位，它能满足最新的互动式网络的开发，是开发 Web 应用程序的理想工具，已成为 Web 开发领域的主流技术之一。PHP 也是目前各类院校的学生学习动态网页开发技术的主流程序设计语言之一。

本书主要面向高等职业院校的学生，教材内容从满足职业教育的特点出发，按照"以知识够用为基础，重点培养职业技能与素质能力"的思路，精心设计案例和实训项目。本书共 12 章，分为基础篇和提高篇两大部分，其中，第 1~10 章为基础篇；第 11、12 章为提高篇。

第 1 章主要介绍 PHP 概述和工作原理、PHP 集成开发环境搭建、PHP 简明语法规范。

第 2 章主要介绍 PHP 变量、变量的类型及数据类型转换、常量、运算符、流程控制语句、函数的定义和调用。

第 3 章主要介绍 PHP 数组分类与创建、常用数组操作函数。

第 4 章主要介绍 PHP 常用字符串操作函数、正则表达式。

第 5 章主要介绍 PHP 数字操作函数、日期/时间操作函数。

第 6 章主要介绍 PHP 读写文件、常用文件操作函数、常用目录操作函数。

第 7 章主要介绍 PHP 中 GD 库的使用、验证码生成、图像处理。

第 8 章主要介绍类和对象、面向对象的三大特性、抽象类和接口、魔术方法。

第 9 章主要介绍 PHP 与 Web 页面的交互、文件上传、会话机制。

第 10 章主要介绍 PHP 连接和操作 MySQL 数据库、预防 SQL 注入、用户信息管理实例。

第 11 章主要介绍 Laravel 框架安装与配置、Laravel 路由、控制器、视图、中间件。

第 12 章主要介绍 Laravel 框架数据库操作、用户信息管理实例（Laravel 框架实现）。

本书每章都附有习题，可以帮助读者巩固基础知识；另外，本书配备了电子课件、教学视频、示例源代码、习题答案、教学大纲等丰富的教学资源，读者可以与作者联系获取（电子邮箱：ludalin@czcit.edu.cn）。

本书是"PHP 程序设计"在线开放课程的配套教材，读者可以在职教云或超星在线课程平台上参与学习。

本书由常州信息职业技术学院鲁大林主编，唐小燕、张金姬担任副主编。其中，鲁大林编写第 1 章和第 3~8 章；唐小燕、鲁大林编写第 9、10 章；张金姬、鲁大林编写第 11、12 章；叶品菊和吴斌编写第 2 章。参与编写的人员还有常州勇气软件有限公司的朱才金高级工程师，全书由鲁大林统稿。在本书编写过程中，课程组成员在数字化资源等方面提供了大力支持，在此深表感谢！本书的编写也参考了许多相关文献、技术资料以及互联网资源，在此向相关作者也一并表示感谢！

　　由于编者水平有限，编写时间仓促，书中难免有疏漏之处，恳请广大读者批评指正。

编　者

目录 Contents

前言

基础篇

第1章 PHP 开篇 ... 1

- 1.1 PHP 简介 ... 1
  - 1.1.1 什么是 PHP ... 1
  - 1.1.2 PHP 的发展历史 ... 1
  - 1.1.3 PHP 的工作原理 ... 2
  - 1.1.4 PHP 开发 Web 应用程序的优势 ... 2
- 1.2 PHP 集成开发环境搭建 ... 3
  - 1.2.1 安装前的准备 ... 3
  - 1.2.2 安装步骤 ... 3
  - 1.2.3 开启服务 ... 4
  - 1.2.4 PHP 常用的代码编辑工具 ... 5
- 1.3 PHP 简明语法规范及初步体验 ... 5
  - 1.3.1 PHP 语言标记 ... 5
  - 1.3.2 指令分隔符"分号" ... 6
  - 1.3.3 程序注释 ... 6
  - 1.3.4 第一个 PHP 脚本程序 ... 6
- 1.4 习题 ... 7

第2章 PHP 语言基础 ... 8

- 2.1 PHP 变量 ... 8
  - 2.1.1 变量的声明 ... 8
  - 2.1.2 可变变量 ... 9
  - 2.1.3 变量的类型 ... 9
  - 2.1.4 数据类型转换 ... 14
- 2.2 PHP 常量 ... 16
  - 2.2.1 常量的声明和使用 ... 16
  - 2.2.2 预定义常量 ... 17
- 2.3 PHP 运算符 ... 17
  - 2.3.1 算术运算符 ... 17
  - 2.3.2 字符串运算符 ... 18
  - 2.3.3 赋值运算符 ... 18
  - 2.3.4 比较运算符 ... 18
  - 2.3.5 逻辑运算符 ... 19
  - 2.3.6 条件运算符 ... 19
  - 2.3.7 运算符的优先级 ... 19
- 2.4 PHP 流程控制语句 ... 20
  - 2.4.1 分支结构语句 ... 20
  - 2.4.2 循环结构语句 ... 26
  - 2.4.3 跳转语句 ... 29
- 2.5 PHP 函数 ... 31
  - 2.5.1 函数的定义与调用 ... 31
  - 2.5.2 函数的变量作用域 ... 34
- 2.6 其他常用语句 ... 37
  - 2.6.1 终止执行语句 ... 37
  - 2.6.2 文件引用语句 ... 38
- 2.7 习题 ... 39

第 3 章　PHP 数组及数组操作函数 …… 41

3.1　数组分类与创建 …… 41
3.1.1　数组的分类 …… 41
3.1.2　创建数组 …… 41
3.1.3　统计数组元素及遍历 …… 47
3.2　常用数组操作函数 …… 49
3.2.1　数组的排序 …… 51
3.2.2　数组的检索 …… 53
3.2.3　数组元素的增删操作 …… 56
3.2.4　数组元素的截取操作 …… 59
3.3　习题 …… 61

第 4 章　PHP 字符串操作函数 …… 62

4.1　常用字符串操作函数 …… 62
4.1.1　字符串长度的获取 …… 63
4.1.2　字符串的去除 …… 64
4.1.3　字符串的大小写转换 …… 65
4.1.4　字符串的比较 …… 66
4.1.5　字符串的连接 …… 66
4.1.6　字符串的检索 …… 67
4.1.7　字符串的截取 …… 68
4.1.8　字符串的替换 …… 69
4.1.9　字符串的分割 …… 71
4.2　正则表达式 …… 72
4.2.1　正则表达式的语法规则 …… 73
4.2.2　使用 PCRE 扩展正则表达式函数 …… 75
4.3　习题 …… 79

第 5 章　PHP 数字和日期/时间操作函数 …… 80

5.1　PHP 数字操作函数 …… 80
5.2　PHP 日期/时间操作函数 …… 82
5.2.1　设置系统时区 …… 83
5.2.2　获取时间戳 …… 83
5.2.3　将时间戳转换成日期和时间 …… 84
5.2.4　获取日期/时间信息 …… 85
5.2.5　将日期和时间转换成时间戳 …… 87
5.3　习题 …… 87

第 6 章　PHP 文件系统处理 …… 88

6.1　文件操作 …… 88
6.1.1　打开和关闭文件 …… 88
6.1.2　读取文件 …… 89
6.1.3　写入文件 …… 93
6.1.4　文件操作函数 …… 94
6.2　目录操作 …… 95
6.2.1　打开和关闭目录 …… 95
6.2.2　浏览目录 …… 95
6.2.3　目录操作函数 …… 96
6.3　习题 …… 96

第 7 章　PHP 图形图像处理 …… 97

7.1　GD 库 …… 97
7.1.1　画布的创建和销毁 …… 99
7.1.2　设置颜色 …… 100
7.1.3　生成图像 …… 100

7.1.4	绘制图像 ········· 101	7.3.2	图像裁剪 ········· 109
7.1.5	在图像中添加文字 ····· 105	7.3.3	图像缩放 ········· 110
7.2	验证码生成 ········· 106	7.3.4	图像添加水印 ······ 111
7.3	图像处理 ·········· 108	7.4	习题 ············ 112
7.3.1	导入外部图像 ······ 108		

第 8 章　PHP 面向对象程序设计 ·············· 113

8.1	类和对象 ·········· 113	8.3.1	::操作符 ········· 122
8.1.1	定义一个类 ······· 113	8.3.2	static 关键字 ······ 122
8.1.2	实例化对象 ······· 114	8.4	抽象类和接口 ········ 123
8.1.3	特殊的对象引用：$this 115	8.4.1	抽象类 ·········· 123
8.1.4	构造方法和析构方法 ·· 116	8.4.2	接口 ············ 124
8.2	面向对象的三大特性 ···· 117	8.5	魔术方法 ·········· 126
8.2.1	封装 ············ 117	8.5.1	__set()方法和__get()方法 126
8.2.2	继承 ············ 119	8.5.2	__toString()方法 ···· 129
8.2.3	多态 ············ 121	8.6	习题 ············ 129
8.3	::操作符与 static 关键字 ·· 121		

第 9 章　PHP 与 Web 页面交互 ··············· 131

9.1	PHP 与 Web 页面交互认知 ··· 131	9.2.3	文件上传处理函数 ···· 134
9.1.1	$_POST[ ]数组 ····· 131	9.3	会话机制 ·········· 136
9.1.2	$_GET[ ]数组 ······ 132	9.3.1	Cookie ········· 136
9.2	文件上传 ·········· 133	9.3.2	Session ········· 137
9.2.1	上传设置 ········· 133	9.4	习题 ············ 140
9.2.2	$_FILES[ ]数组 ····· 134		

第 10 章　PHP 操作 MySQL 数据库 ············ 141

10.1	PHP 连接 MySQL 数据库 ····· 141	10.2.1	使用 mysqli 扩展执行 SQL 语句 146
10.1.1	使用 mysqli 扩展连接 MySQL 数据库 ········ 142	10.2.2	使用 mysqli 扩展执行预处理语句 148
10.1.2	使用 PDO 对象连接 MySQL 数据库 ···· 144	10.2.3	使用 mysqli 扩展解析结果集 150
10.1.3	关闭数据库连接对象 ··· 145	10.3	使用 PDO 对象操作 MySQL 数据库 ··········· 153
10.2	使用 mysqli 扩展操作 MySQL 数据库 ··········· 145	10.3.1	使用 PDO 对象执行 SQL 语句 153
		10.3.2	使用 PDO 对象执行预处理语句 154

VII

10.3.3	使用 PDO 对象解析结果集 ………… 157	10.5.1	用户列表主页面 ……………………… 164
10.4	SQL 注入 ……………………………… 159	10.5.2	添加用户 …………………………… 165
10.4.1	SQL 注入演示 ……………………… 159	10.5.3	删除用户 …………………………… 166
10.4.2	预防 SQL 注入 …………………… 161	10.5.4	修改用户信息 ……………………… 167
10.5	用户信息管理实例 ………………… 162	10.6	习题 ………………………………… 169

提 高 篇

第 11 章 Laravel 框架基础 ……………………………… 170

11.1	Laravel 框架安装与配置 …………… 170	11.3.1	创建控制器 ……………………… 178
11.1.1	Laravel 框架对服务器的要求 …… 170	11.3.2	接受用户输入数据 ……………… 180
11.1.2	包管理工具 Composer …………… 170	11.4	视图 ………………………………… 182
11.1.3	使用 Composer 安装 Laravel 框架 … 171	11.4.1	创建视图 …………………………… 182
11.1.4	Laravel 框架的目录结构 ………… 172	11.4.2	向视图传递数据 ………………… 183
11.1.5	配置虚拟主机 …………………… 173	11.4.3	流程控制语句 …………………… 185
11.2	Laravel 路由 ………………………… 174	11.4.4	表单安全及 CSRF 防御 ………… 188
11.2.1	路由简介 ………………………… 174	11.4.5	模板继承 ………………………… 191
11.2.2	注册路由 ………………………… 175	11.5	中间件 ……………………………… 192
11.2.3	路由参数 ………………………… 175	11.5.1	中间件简介 ……………………… 192
11.2.4	重定向路由 ……………………… 177	11.5.2	Session 的使用 …………………… 192
11.2.5	路由别名 ………………………… 177	11.5.3	创建中间件 ……………………… 194
11.2.6	路由分组 ………………………… 178	11.6	习题 ………………………………… 197
11.3	控制器 ……………………………… 178		

第 12 章 Laravel 框架数据库操作与应用 ……… 198

12.1	Laravel 数据库操作 ………………… 198	12.2.1	用户列表主页面 ………………… 210
12.1.1	数据库配置 ……………………… 198	12.2.2	添加用户 ………………………… 211
12.1.2	使用 DB 类操作数据库 ………… 199	12.2.3	删除用户 ………………………… 213
12.1.3	使用模型操作数据库 …………… 204	12.2.4	修改用户信息 …………………… 213
12.2	用户信息管理实例（Laravel 框架实现） ………………………… 209	12.3	习题 ………………………………… 215

参考文献 ……………………………………………………… 216

基 础 篇

第 1 章　PHP 开篇

PHP 是当前开发动态 Web 系统的主流程序语言之一，主要用来编写服务器端的脚本程序；PHP 可以轻松实现表单请求、访问数据库和生成动态页面等功能。在学习 PHP 脚本编程语言之前，必须先搭建并熟悉运行 PHP 代码的环境。本章学习要点如下。
- 什么是 PHP
- PHP 的工作原理
- 搭建 PHP 集成开发环境
- PHP 语言标记
- 第一个 PHP 脚本程序

1.1 PHP 简介

1.1.1 什么是 PHP

1.1

PHP 是 Hypertext Preprocessor 的缩写，即超文本预处理器。PHP 是一种在服务器端执行的，可嵌入到 HTML 文档中并开放源代码的脚本语言，是目前最流行的开发动态网页的程序语言之一；PHP 支持几乎所有流行的操作系统以及数据库，是开发 Web 应用程序的理想工具。

PHP 将自创的语法与 C、Java、Perl 等现代编程语言的一些特征融合，使其具有了语法简单、功能强大、灵活易用、效率高等优点；PHP 入门门槛较低、易于学习、使用广泛，现已在 Web 开发领域占有非常重要的地位。

在学习 PHP 之前，需要对 HTML、CSS、JavaScript 有一定的了解，因为 PHP 文件既可以是单独的 PHP 代码，也可以是嵌入到 HTML 文档中的脚本。

1.1.2 PHP 的发展历史

从 1994 年的 PHP 雏形到 2020 年发布 PHP8 版本，主要经历了以下阶段：
- 1994 年，Rasmus Lerdorf 发明了 PHP 语言。
- 1995 年，Rasmus Lerdorf 发布了第一个 PHP 版本，称为 "Personal Home Page Tools（PHP Tools）"。
- 1998 年，对底层解析引擎进行了重构，并发布了 PHP3 版本。

- 2000 年 5 月，发布了 PHP4 版本，PHP 的核心开始采用 "Zend" 脚本引擎。
- 2004 年 7 月，发布了 PHP5 版本，完善了面向对象编程，引入了异常处理机制，增强了对 XML 的支持。
- 2015 年 12 月，发布了 PHP7 版本，性能得到了大幅提升。
- 2020 年 11 月，发布了 PHP8 版本，引入了备受期待的 JIT 编译器，进一步提高了脚本的执行速度。

1.1.3 PHP 的工作原理

PHP 主要用于开发 Web 应用程序中的服务器端脚本，其程序文件扩展名为 ".php"。

使用 PHP 需要安装 PHP 应用程序服务器去解释执行，它是用来协助 Web 服务器工作的编程语言。用户如果想通过浏览器访问 Web 服务器并得到动态响应的结果，Web 服务器则需要委托 PHP 引擎来完成相应的工作。

PHP 的工作原理如图 1-1 所示。

图 1-1 PHP 的工作原理

说明：

1）通过客户端向 Web 服务器发送 HTTP 请求。

2）Web 服务器获取到客户端的请求并进行分析，如果是对 PHP 文件的请求，则转发给 PHP 引擎。PHP 引擎的主要任务是分析目标 PHP 文件，运行 PHP 文件，访问数据库，处理结果数据。

3）PHP 引擎将处理后的结果返回 Web 服务器。

4）Web 服务器将响应信息返回给客户端。

1.1.4 PHP 开发 Web 应用程序的优势

PHP 开发 Web 应用程序具有以下优势：
- PHP 是开源软件，免费、使用简单、门槛低、入门快。
- PHP 支持几乎所有流行的服务器操作系统，例如，Windows、Linux 等。

- 使用 PHP 环境部署方便，开发速度快，功能成熟，本身拥有丰富的功能扩展。
- PHP 开发的项目成本低、安全性高。
- PHP 开发灵活、伸缩性强，可以胜任大型网站的开发。
- PHP 成功案例多，并且有很多开源的项目可供用户直接使用或二次开发。

1.2 PHP 集成开发环境搭建

PHP 是目前最为流行的服务器端 Web 开发语言之一，在融合了现代编程语言的一些特性后，PHP、Apache 和 MySQL 的组合已经成为 Web 服务器的一种配置标准。

1.2

若要使用 PHP 来开发 Web 应用程序，必须先搭建 PHP 的运行环境和开发环境。PHP 开发环境有两种搭建方式：一种是手工安装配置，即分别安装 Apache、PHP 和 MySQL 软件，然后通过配置，整合这三个软件，完成 PHP 开发环境的搭建；另一种是使用集成安装包自动安装和配置。

由于手工安装配置的方式相对比较烦琐，推荐使用集成安装包的方式搭建 PHP 的开发环境。

1.2.1 安装前的准备

目前，常用的 PHP 集成环境主要有 XAMPP、WampServer、AppServ、phpStudy、EasyPHP 等软件，这些软件之间的差别不大。本书使用的是 XAMPP。

XAMPP，即 Apache+MariaDB+PHP+PERL，它是一个功能强大、完全免费且易于安装的集成开发环境软件包。

说明：MariaDB 数据库管理系统是 MySQL 的一个分支，完全兼容 MySQL。

本书以在 64 位 Windows 10 操作系统下安装 XAMPP 集成软件为例，在安装之前需要下载 XAMPP for Windows。

下载地址：https://www.apachefriends.org/index.html

软件名称：xampp-windows-x64-7.4.23-0-VC15-installer.exe

主要包含以下软件：

- 服务器端脚本语言 PHP：7.4.23。
- Web 服务器 Apache：2.4.48。
- 数据库管理系统 MariaDB：10.4.21。

1.2.2 安装步骤

安装 XAMPP 非常简单，只要一直单击"Next"按钮就可以安装成功了。安装成功以后，可以打开 XAMPP 控制面板，如图 1-2 所示。

单击 XAMPP 控制面板上的 ✕ 按钮，则关闭该控制面板并在桌面状态栏右下角自动显示为 图标，双击该图标，即可弹出 XAMPP 的控制面板。

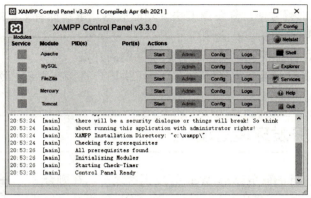

图 1-2　XAMPP 控制面板

1.2.3　开启服务

单击 XAMPP 控制面板上"Apache"后面的"Start"按钮，开启 Web 服务器的服务；单击 XAMPP 控制面板上"MySQL"后面的"Start"按钮，开启 MySQL 数据库服务器的服务，如图 1-3 所示。

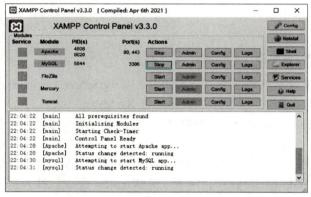

图 1-3　XAMPP 控制面板（已开启服务）

打开浏览器，在地址栏中输入"http://localhost/"进行测试，显示如图 1-4 所示的页面，则表示安装成功。

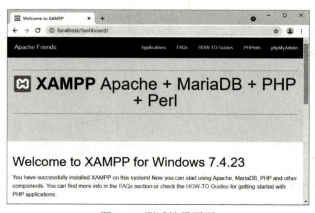

图 1-4　测试结果页面

XAMPP 安装成功以后，需要了解 XAMPP 安装后的目录结构及其功能。XAMPP 默认安装在文件夹"C:\xampp"下，其中的几个子文件夹及其功能如下。
- apache 文件夹：存放 Apache 服务器组件的目录。
- mysql 文件夹：存放 MySQL 服务器组件的目录。
- PHP 文件夹：存放 PHP 服务器组件的目录。
- htdocs 文件夹：网页文档默认存放的根目录，默认只有将网页上传到这个目录下才可以发布出去。

1.2.4 PHP 常用的代码编辑工具

工欲善其事，必先利其器。在使用 PHP 语言编写 Web 应用程序时，为提高开发效率通常需要一个好的代码编辑工具，一款优秀的工具能够极大提高程序开发效率与体验。常用的代码编辑工具有 HBuilder X、Visual Studio Code、Sublime Text、Eclipse、Zend Studio 等。本书使用的是 HBuilder X。

HBuilder X 是一款功能强大、用于 Web 开发的集成开发工具。

下载地址：https://www.dcloud.io/hbuilderx.html。

HBuilder X 运行界面如图 1-5 所示。

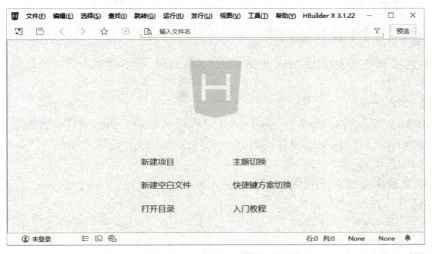

图 1-5　HBuilder X 运行界面

1.3 PHP 简明语法规范及初步体验

1.3.1 PHP 语言标记

PHP 脚本需要使用定界标签（<?php）和（?>）作为开始和结束的标记。

当 PHP 解析一个文件时，会寻找开始和结束标记，标记用以告知 PHP 开始或停止解释其中的代码。

1.3.2 指令分隔符"分号"

在 PHP 程序中执行某些特定功能的语句时，例如变量的声明、内容的输出、函数的调用等，这种语句也可称为指令，PHP 需要在每个指令后使用分号（;）结束。

一段 PHP 脚本中的结束标记（?>）隐含表示一个分号，所以 PHP 代码段中的最后一行可以不用分号（;）结束。

1.3.3 程序注释

注释在程序设计中是非常重要的一个部分，对于阅读代码的人来说，注释其实就相当于代码的解释和说明。注释的内容在解析时会被 Web 服务器引擎忽略，不会被执行。程序员在编程时使用注释是一种良好的习惯。

PHP 的程序注释支持以下两种形式。
- 单行注释：使用"//"或者"#"符号。
- 多行注释：使用"/* …… */"符号。

注释一般写在被注释代码的上面或者右面，不要写在代码的下面。

1.3.4 第一个 PHP 脚本程序

本节以创建在浏览器中输出"Hello World！"的 PHP 脚本程序为例，介绍操作方法，具体步骤如下。

（1）创建 PHP 文件

打开 HBuilder X 软件，新建一个项目，设置项目名称为"chapter1"，设置项目所在文件夹为"C:\xampp\htdocs"；然后在该项目下新建一个自定义文件，设置文件名为"1-1.php"。

（2）编写 PHP 代码

在该 PHP 文件中编写以下代码。

```php
<?php
  echo 'Hello World!';
?>
```

说明：echo 语句是 PHP 中最常见的输出语句，用来向页面输出数据。echo 语句可以输出一个或多个字符串，多个字符串之间用逗号（","）隔开。

（3）配置 Web 服务器

选择"工具"→"设置"菜单命令，选择"运行配置"，在"外部 web 服务器调用 url"编辑框中输入"http://localhost"，并勾选上"外部 web 服务器 url 是否包括项目名称"，如图 1-6 所示。

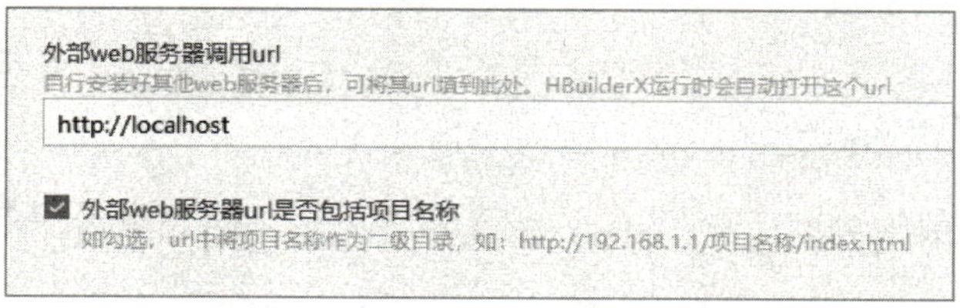

图 1-6 配置 Web 服务器

说明：该配置只需要在第一次运行前进行设置。

（4）运行 PHP 文件

保存 PHP 文件，单击工具栏 ▶ 按钮，或者选择"运行"→"运行到浏览器"菜单命令，选择其中的一个外部浏览器（例如 Chrome），即可把执行结果输出到浏览器的页面中，如图 1-7 所示。

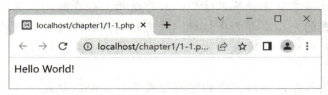

图 1-7 1-1.php 执行结果

参照以上步骤，再在项目"chapter1"下新建一个名为"1-2.php"的文件，编写如下代码。

```
<?php
  phpinfo();
?>
```

保存后运行该文件，执行结果如图 1-8 所示。

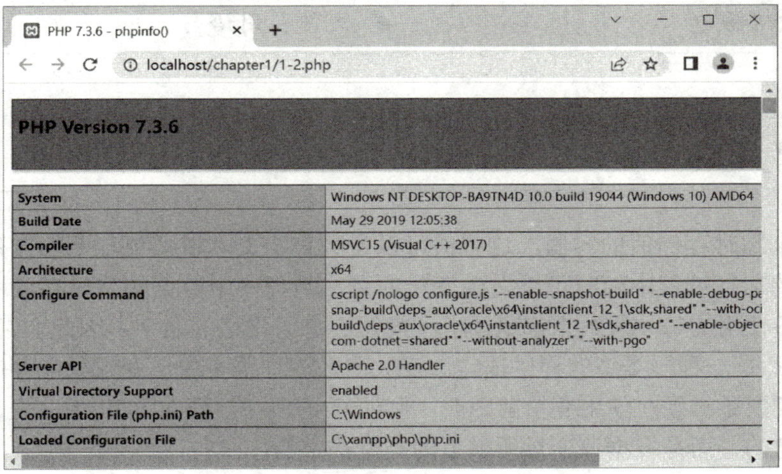

图 1-8 1-2.php 执行结果

说明：phpinfo()是一个函数，其功能是输出有关 PHP 当前状态的大部分信息，包括 PHP 的编译和扩展信息、PHP 版本、服务器信息和环境、PHP 的环境、PHP 当前所安装的扩展模块、操作系统信息、路径、HTTP 头信息和 PHP 的许可等。

1.4 习题

1．什么是 PHP？PHP 有哪些特点？
2．简述 PHP 的工作原理。
3．安装 XAMPP 集成开发环境并进行测试。
4．编写一个 PHP 脚本程序，其功能是在浏览器中输出文字"欢迎学习 PHP！"。

第 2 章　PHP 语言基础

结构化程序设计语言有三种基本结构：顺序结构、分支结构、循环结构。其中，顺序结构即按照语句出现的先后次序顺序执行；分支结构即按照给定的逻辑条件来决定执行顺序；循环结构即根据代码的逻辑条件来判断是否重复执行某一段程序。PHP 提供了实现这三种程序结构的语句。

另外，函数也是程序设计语言中的重要组成部分。函数就是一段被命名的、独立的代码段，用以完成特定的功能。用户可以自己定义函数，用以实现自己独特的需求。本章学习要点如下。

- 变量与常量
- 变量的类型及数据类型转换
- 运算符
- 分支结构语句
- 循环结构语句
- 跳转语句
- 函数的定义与调用
- 函数的变量作用域
- 终止执行语句
- 文件引用语句

2.1　PHP 变量

变量是用来临时存储值的容器，这些值可以是数字、文本以及更复杂的排列组合等。变量又是指在程序的运行过程中随时可以发生变化的量，是程序中数据的临时存放场所。变量能够把在程序中准备使用的每一段数据都赋予一个简短、易于记忆的名字，因此非常有用。

另外，PHP 是一种弱类型的程序语言。在大多数编程语言中，变量只能存储一种类型的数据，而且这个类型还必须在使用变量前声明，例如 C 语言中。而在 PHP 中，变量的类型通常不是由程序员设定的，而是根据该变量所赋值的类型决定的。

2.1.1　变量的声明

在 PHP 中用户可以声明并使用变量，但并不要求在使用变量之前一定要声明变量，当第一次给一个变量赋值时，就创建了这个变量。PHP 的变量声明必须以一个"$"符号开始，后面再跟上一个变量名。变量名的命名规则如下。

2.1.1

- 变量名必须以字母或者下画线开头，后面可以跟上任意数量的字母、数字或者下画线，中间不能有空格。
- 变量名严格区分大小写。
- 不要使用 PHP 的系统关键字作为变量名，例如：echo、die、exit、case 等。
- 变量名应尽量表达出清晰的含义，通常由一个或多个简单的英文单词构成。如果是由一个单词构成的，通常采用全部小写的风格；如果是由多个单词构成的，则第一个单词采用全部小写，后面的每个单词的首字母采用大写的风格。

【示例 2-1】 声明变量。

```php
<?php
    $m;                //声明一个变量$m，没有赋值
    $a = 15;           //声明一个变量$a，赋以整型数据值15
    $b = 3.14;         //声明一个变量$b，赋以浮点型数据值3.14
    $c = true;         //声明一个变量$c，赋以布尔数据值true
    $d = 'CCIT';       //声明一个变量$d，赋以字符串值'CCIT'
    $x = $y = 100;     //同时声明多个变量，并赋以相同的值
```

2.1.2 可变变量

可变变量允许用户动态地改变一个变量的名称，其工作原理就是用一个变量的值作为另一个变量的名称。

【示例 2-2】 声明可变变量。

```php
<?php
    $var = 'name';
    $$var = '张华';
    echo $var, " " ,$$var, " " ,$name;
```

示例 2-2 的执行结果如图 2-1 所示。

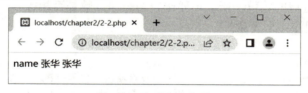

图 2-1 声明可变变量

说明：在以上示例中，声明了一个可变变量$$var，$var 的值是 name，相当于给$name 赋值为"张华"。

2.1.3 变量的类型

变量的类型是指保存在该变量中的数据类型。PHP 提供了一个完整的数据类型集，可以将不同的数据保存在不同的数据类型中。

2.1.3

1．数据类型

PHP 支持如下所示的数据类型。
- 整型（integer）：用来表示整数。
- 浮点型（float 或 double）：用来表示所有实数。
- 布尔型（boolean）：用来表示 true 或者 false。
- 字符串类型（string）：用来表示字符串。
- 数组类型（array）：用来保存数组。
- 对象类型（object）：用来保存类的实例。
- 资源类型（resource）：用来保存对外部资源的引用。

- NULL 类型：用来表示特殊值 NULL。

（1）整型（integer）

整型变量用以存储整数。整型数据除了常用的十进制数以外，还可以使用十六进制（数字前加"0x"）或八进制（数字前加"0"）数表示；整型数据也可以使用"+"或者"-"开头表示数据的正负，其中"+"可以省略。

整数数据有最大的使用范围，这与平台有关，对于 32 位系统而言，整型数据的范围为：-2 147 483 648～2 147 483 647。PHP 不支持无符号整数，如果超出了 integer 这个范围，则会解释为 float 类型。

【示例 2-3】 声明整型变量。

```php
<?php
    $a = 100;           //十进制数
    $b = -50;           //十进制负数
    $c = 0100;          //八进制数
    $d = 0x100;         //十六进制数
```

（2）浮点型（float 或 double）

浮点数（也叫双精度数或实数）是包含小数部分的数。通常用来表示整数无法表示的数据，例如，金额值、距离值、速度值等。浮点数的字长也和平台相关，64 位浮点数通常最大值为 1.8e308，并具有 14 位十进制数字的精度。

浮点数只是一种近似的数值，所以不要比较两个浮点数是否相等。

【示例 2-4】 声明浮点型变量。

```php
<?php
    $a = 3.14;          //正常的浮点数
    $b = 4.9e5;         //使用科学计数法表示的浮点数，相当于：4.9*10 的 5 次方
    $c = 6e-7;          //使用科学计数法表示的浮点数，相当于：6*10 的-7 次方
```

（3）布尔型（boolean）

布尔型是最简单的数据类型，用以表达 true 或 false，即"真"或"假"。要给变量指定一个布尔值，使用关键字 true 或 false，两个都不区分大小写。

当其他类型转换为布尔型时，以下值被认为是 false。

- 布尔值 false。
- 整型值 0。
- 浮点型值 0.0。
- 空白字符串和字符串"0"。
- 没有成员变量的数组。
- 特殊类型 NULL（包括尚未赋值的变量）。

除了以上列出的值以外，所有其他值都被认为是 true（包括任何资源）。

【示例 2-5】 声明布尔型变量。

```php
<?php
    $a = true;          //布尔值不区分大小写
    $b = false;
```

（4）字符串类型（string）

一个字符串是由一系列的字符组成的，在 PHP 中，一个字符串可以只是一个字符，也可以

由任意多个字符组成。PHP 没有给字符串的大小强制设定范围，因此不必担心字符串的长度。字符串可以使用单引号（'）或者双引号（"）进行定义。

① 单引号。

指定一个简单字符串的最简单的方法是使用一对单引号（' '）括起来。在单引号字符串中出现的变量不会被变量的值替代，即 PHP 不会解析单引号中的变量，而是将变量名原样输出。

【示例 2-6】 声明字符串型变量（使用单引号）。

```
<?php
    $var = 'PHP';                //字符串型变量（使用单引号）
    echo '$var 简单易学!';       //单引号中的变量$var 不被解析，变量名原样输出
```

示例 2-6 的执行结果如图 2-2 所示。

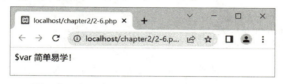

图 2-2　声明字符串型变量（使用单引号）

说明：在定义简单字符串时，使用单引号的效率会更高，因为 PHP 不会在解析变量上产生开销。因此，如果没有特别需求，应使用单引号定义字符串。

② 双引号。

也可以把一个字符串用一对双引号（" "）括起来。双引号字符串最重要的一点是其中的变量名会被变量值替代，即可以解析双引号中包含的变量。

包含在双引号字符串中的变量在被解析时，必须要保证该变量与字符串中的其他内容是分离的，例如通过空格进行隔开，或者用一对花括号（{ }）括起来，以表示一个表达式。

【示例 2-7】 声明字符串型变量（使用双引号）。

```
<?php
    $var = "PHP";                       //字符串型变量（使用双引号）
    // 双引号中的变量$var 会被解析出来
    echo "$var 简单易学! <br>";         //使用空格把变量$var 与其他内容隔开
    echo "{$var}简单易学! <br>";        //使用{ }分离变量$var
    echo "${var}简单易学! <br>";        //使用{ }分离变量$var 的另外一种方法
    echo "$var简单易学! ";              //如果没分离变量$var，则出错
```

示例 2-7 的执行结果如图 2-3 所示。

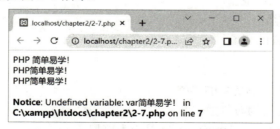

图 2-3　声明字符串型变量（使用双引号）

说明：PHP 不仅仅可以解析双引号中的变量，还可以解析数组值、对象属性和方法等。

另外，如果要输出的字符串中包含单引号（'），则把该字符串包含在一对双引号（" "）中；如果要输出的字符串中包含双引号（"），则把该字符串包含在一对单引号（' '）中；如果要

输出的字符串中既包含单引号（'），又包含双引号（"），则需要利用转义字符（\）进行转义，例如：(\')(\")。

【示例 2-8】 声明字符串型变量（使用单、双引号）。

```
<?php
    echo "'PHP'简单易学! <br>";            //双引号字符串中包含单引号
    echo '"PHP"简单易学! <br>';            //单引号字符串中包含双引号
    echo '"\'PHP\'简单易学! "';            //单引号字符串中包含单、双引号
```

示例 2-8 的执行结果如图 2-4 所示。

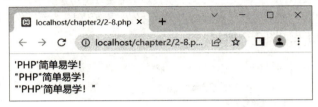

图 2-4　声明字符串型变量（使用单、双引号）

（5）数组类型（array）

PHP 中的数组是一种重要的复合数据类型，可以存放多个数据，而且是可以存放任何类型的数据。数组的声明和使用将在第 3 章中做详细介绍。

（6）对象类型（object）

PHP 中的对象与数组一样，也是一种复合数据类型，但对象是一种更高级的数据类型。一个对象类型的变量，是由一组属性值和一组方法构成，其中属性值表明对象的一种状态，而方法通常用来表明对象的功能。对象的创建和使用将在第 8 章中做详细介绍。

（7）资源类型（resource）

资源是一种特殊变量，保存了对外部资源的一个引用。资源是通过专门的函数来建立和使用的。使用资源类型变量保存诸如打开文件、数据库连接、图形画布区域等的特殊句柄，由程序员创建、使用和释放。任何资源在不需要时都应该被及时释放，如果忘记了释放资源，系统将自动启用垃圾回收机制，以避免内存被消耗殆尽。

（8）NULL 类型

NULL 类型唯一可能的值就是 NULL。NULL 不表示空字符串，也不表示零，而是表示一个变量的值为空。NULL 不区分大小写。下列情况下的一个变量会被认为是 NULL。

- 被赋值为 NULL 值的变量。
- 尚未被赋值的变量。
- 被 unset()函数销毁的变量。

2. 检测变量

可以使用以下函数来检测变量的类型。

- is_bool()：判断是否为布尔型。
- is_int()、is_integer()、is_long()：判断是否为整型。
- is_float()、is_double()、is_real()：判断是否为浮点型。
- is_string()：判断是否为字符串。
- is_array()：判断是否为数组。

- is_object()：判断是否为对象。
- is_resource()：判断是否为资源类型。
- is_null()：判断是否为 NULL。
- is_numberic()：判断是否是任何类型的数字和数字字符串。

另外，使用 var_dump()、gettype()、isset()和 empty()等函数也可以实现类似的功能，下面将做详细介绍。

（1）var_dump()函数

var_dump()函数可以用来查看变量的值和类型。其语法格式如下。

```
void var_dump ( mixed expression [, mixed expression [, ...]] )
```

【示例 2-9】 var_dump()函数。

```php
<?php
    $a = 10;
    $b = 3.14;
    $c = 'CCIT';
    $d = true;
    var_dump($a, $b, $c, $d);
```

示例 2-9 的执行结果如图 2-5 所示。

图 2-5　var_dump()函数

（2）gettype()函数

gettype()函数可以用来获取变量的类型。其语法格式如下。

```
string gettype ( mixed var )
```

【示例 2-10】 gettype()函数。

```php
<?php
    $a = 10;
    $b = 3.14;
    $c = 'CCIT';
    $d = true;
    echo gettype($a)," ",gettype($b)," ",gettype($c)," ",gettype($d);
```

示例 2-10 的执行结果如图 2-6 所示。

图 2-6　gettype()函数

（3）isset()和 empty()函数

isset()函数可以用来检测变量是否已设置，如果检测的变量值存在，则返回 true；否则返回 false。其语法格式如下。

```
bool isset ( mixed var [, mixed var [, ...]] )
```

empty()函数可以用来检查变量是否为空。如果检查的变量是非空或非零的值，则返回 false；如果是空字符串（""）、0、"0"、null、false、array()、声明但未赋值的变量等，则返回 true。其语法格式如下。

```
bool empty ( mixed var )
```

【示例 2-11】 isset()和 empty()函数。

```php
<?php
    $var1;
    $var2 = null;
    $var3 = '';
    $var4 = 0;
    $var5 = 100;
    var_dump(isset($var1), isset($var2), isset($var3), isset($var4), isset($var5));
    echo "<br>";
    var_dump(empty($var1), empty($var2), empty($var3), empty($var4), empty($var5));
```

示例 2-11 的执行结果如图 2-7 所示。

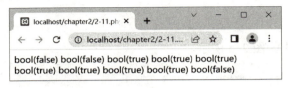

图 2-7　isset()和 empty()函数

3．销毁变量

使用 unset()函数可以在内存中释放指定的变量。其语法格式如下。

```
void unset ( mixed var [, mixed var [, ...]] )
```

【示例 2-12】 unset()函数。

```php
<?php
    $var = 100;
    var_dump($var, isset($var));
    echo "<hr>";
    unset($var); //销毁变量$var，在内存中释放该变量
    var_dump(isset($var));
```

示例 2-12 的执行结果如图 2-8 所示。

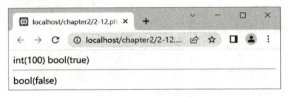

图 2-8　unset()函数

2.1.4　数据类型转换

类型转换是指将变量或值从一种数据类型转换成其他数据类型。转换的方法有两种：一种是自动转换，另一种是强制转换。在 PHP 中可以根据变量或值的使用环境自动将其转换为最合

适的数据类型，也可以根据需要强制转换为用户指定的类型。

1．自动类型转换

只有具有相同类型的数据才能彼此操作。在 PHP 中，自动转换通常发生在不同数据类型的变量进行混合运算的时候。如果参与运算变量的类型不同，则需要首先转换成同一类型，然后再进行运算，其运算后的结果也是相同的类型。通常只有 integer、float、boolean 和 string 类型能进行自动类型转换。

自动类型转换虽然是由系统自动完成的，但在混合运算时，自动转换要遵循转换按数据长度增加的方向进行，以保证精度不降低。

- 有布尔值参与运算时，true 将转换为整型 1，false 将转化为整型 0 后再参与运算。
- 有 NULL 值参与运算时，NULL 值将转换为整型 0 再参与运算。
- 有 integer 型和 float 型的值参与运算时，先把 integer 型变量转换成 float 类型后再参与运算。
- 有字符串和数值型（integer、float）数据参与运算时，字符串先转换为数字，再参与运算。转换后的数字是从字符串开始的数值型字符串，如果在字符串开始的数值型字符串不带有小数点，则转换为 integer 类型的数字；如果带有小数点，则转换为 float 类型的数字。

【示例 2-13】 自动类型转换。

```php
<?php
    $a = '100' + 2;        //$a 是一个整型，其值为：100+2=102
    $b = '3.14' - '2';     //$b 是一个浮点型，其值为：3.14-2=1.14
    $c = null + '2';       //$c 是一个整型，其值为：0+2=2
```

2．强制类型转换

可以在要转换的变量之前加上用括号括起来的目标类型。使用括号允许的强制类型转换如下。

- (int)、(integer)：转换成整型。
- (bool)、(boolean)：转换成布尔型。
- (float)、(double)、(real)：转换成浮点型。
- (string)：转换成字符串。
- (array)：转换成数组。
- (object)：转换成对象。

【示例 2-14】 强制类型转换。

```php
<?php
    $var = '456.789abc';   //声明变量$var 为一个字符串，其值为：'456.789abc'
    $a = (int)$var;        //$a 是一个整型，其值为：456
    $b = (float)$var;      //$b 是一个浮点型，其值为：456.789
    $c = (string)$b;       //$c 是一个字符串型，其值为：'456.789'
```

另外，使用 settype()、intval()、floatval()和 strval()等函数也可以实现类型的强制转换，下面将做详细介绍。

（1）settype()函数

settype()函数可以用来将变量转换成指定的数据类型。其语法格式如下。

```
bool settype ( mixed var, string type )
```

说明：
- 参数 type 为指定的数据类型。参数 type 有 7 个可选值，分别为：boolean、float、integer、array、null、object 和 string。如果转换成功则返回 true，否则返回 false。
- 该函数是直接在原字符串上进行的类型转换。

【示例 2-15】 settype()函数。

```php
<?php
    $var = '456.789abc';      //声明变量$var 为一个字符串, 其值为: '456.789abc'
    settype($var, 'float');   //转换后的$var 是一个浮点型, 其值为: 456.789
    settype($var, 'int');     //转换后的$var 是一个整型, 其值为: 456
```

（2）intval()、floatval()和 strval()函数

intval()函数可以用来获取变量的整数值；floatval()函数可以用来获取变量的浮点数值；strval()函数可以用来获取变量的字符串值。其语法格式如下。

```
int intval ( mixed var [, int base = 10 ] )
float floatval ( mixed var )
string strval ( mixed var )
```

说明：
- intval()函数中的参数 base 为指定转化所使用的进制，默认是十进制。
- 若是浮点型转换为整型，将自动舍弃小数部分，只保留整数部分。

【示例 2-16】 intval()、floatval()和 strval()函数。

```php
<?php
    $var = '456.789abc';      //声明变量$var 为一个字符串, 其值为: '456.789abc'
    $a = intval($var);        //$a 是一个整型, 其值为: 456
    $b = floatval($var);      //$b 是一个浮点型, 其值为: 456.789
    $c = strval($b);          //$c 是一个字符串型, 其值为: '456.789'
```

2.2 PHP 常量

常量一般用于一些数据计算中固定的数值，例如数学中的 π 等可以定义为常量。常量是一个简单值的标识符（名字），常量一旦被定义，在脚本执行期间就不能再被更改或者取消定义，直到脚本运行结束自动释放。常量的作用域是全局的，可以在脚本的任何地方都可以访问到常量。

2.2

2.2.1 常量的声明和使用

在 PHP 中使用 define()函数来声明常量。常量的命名规则同变量一样。常量默认为大小写敏感，按照惯例常量标识符总是大写的，常量的前面没有"$"符号。define()函数的语法格式如下。

```
boolean define (string name, mixed value [, bool case_insensitive])
```

说明：
- 参数 name 表示常量名。
- 参数 value 表示常量值或表达式，但只能为 boolean、integer、float、string 类型。

- 参数 case_insensitive 是可选项，当设置为 true 时，则表示常量名不区分大小写。默认为 false。
- 可以使用 defined()函数检查是否定义了某个常量。

【示例 2-17】 常量的声明和使用。

```php
<?php
    define('PI', 3.1415);        //声明一个名为 PI 的常量，值为浮点数 3.1415
    $area = PI*5*5;              //使用常量参与运算
    echo PI;                     //输出常量 PI
    echo "<br>";
    echo $area;                  //输出变量$area
```

示例 2-17 的执行结果如图 2-9 所示。

图 2-9 常量的声明和使用

2.2.2 预定义常量

在 PHP 中，除了可以自己定义常量外，还预定义了一系列的系统常量，在程序中可直接使用来完成一些特殊功能。例如：PHP_OS（执行 PHP 解析的操作系统名称）、PHP_VERSION（当前 PHP 服务器的版本）、M_PI（数学中的 π，3.1415926535898）、__FILE__（当前的文件名）等，在此就不一一赘述了。

2.3　PHP 运算符

运算符是执行计算、操作的符号。PHP 的运算符主要包括算术运算符、字符串运算符、赋值运算符、比较运算符、逻辑运算符、条件运算符等。

2.3.1 算术运算符

算术运算符是最常见的操作符，用来处理算术运算。主要包括：+（加）、-（减）、*（乘）、/（浮点除）、%（取余）、++（自加）、--（自减）。其说明如下。
- 对于非数值类型的操作数，PHP 会自动转换为数值类型的操作数。
- 执行/（除）、%（取余）运算时，其除数部分不能为 0，且%（取余）运算首先会将两边的操作数自动取整，然后再进行运算（取余运算结果的正负号只跟除数的符号相关）。
- ++（自加）、--（自减）是一元运算符，主要用来执行递增、递减任务，常用于循环操作之中。

【示例 2-18】 算术运算符。

```php
<?php
```

```
$a = 3;
$b = 5;
$x = $a + 2;        //$x 的值为整数 5
$x = $a / 2;        //$x 的值为浮点数 1.5
$x = $b % 2;        //$x 的值为整数 1
$x = $b % 2.5;      //$x 的值为整数 1（2.5 自动取整为 2）
$x = $a++;          //$x 的值为整数 3，$a 的值为整数 4（后置递增）
$x = ++$b;          //$x 的值为整数 6，$a 的值为整数 6（前置递增）
```

2.3.2 字符串运算符

PHP 的字符串运算符是一个小数点（.），用来对字符串进行连接操作，合并成一个新的字符串，也称为连接运算符。

【示例 2-19】 字符串运算符。

```
<?php
$a = 'PHP';
$b = 'MySQL';
$c = '7.4.23';
$x = $a."+".$b;     //$x 的值为字符串"PHP+MySQL"
$x = $a." ".$c;     //$x 的值为字符串"PHP 7.4.23"
```

2.3.3 赋值运算符

PHP 的赋值运算符为"="，其左边的操作数必须是变量，右边的可以是一个表达式，用来把右边表达式的值赋给左边变量。另外，还有如下的复合赋值运算符：+=、-=、*=、/=、%=、.=。"+="运算符表示将变量与所赋的值相加后的结果再赋给该变量，其他以此类推。

【示例 2-20】 赋值运算符。

```
<?php
$a = 10;            //$a 的值为整数 10
$a += 5;            //等价于：$a=$a+5, $a 的值为整数 15
$b = 'Hello';       //$b 的值为字符串"Hello"
$b .= 'World';      //等价于：$b=$b.'World', $b 的值为字符串"HelloWorld"
```

2.3.4 比较运算符

比较运算符也称为关系运算符，用来对运算符两边的操作数进行比较，运算结果为布尔值（true / false）。比较运算符主要有：>（大于）、<（小于）、>=（大于或等于）、<=（小于或等于）、==（等于）、!=（不等于）、===（全等）、!==（非全等）。

【示例 2-21】 比较运算符。

```
<?php
$a = 10;            //$a 的值为整数 10
$b = 5;             //$b 的值为整数 5
$c = '5';           //$c 的值为字符串"5"
$x = ($a < $b);     //$x 的值为布尔型 false
$x = ($a != $b);    //$x 的值为布尔型 true
$x = ($b == $c);    //$x 的值为布尔型 true
$x = ($b === $c);   //$x 的值为布尔型 false
```

2.3.5 逻辑运算符

逻辑运算符主要包括：&&（逻辑与）、||（逻辑或）、!（逻辑非）、xor（逻辑异或），只能用来操作布尔型数值，运算结果也是布尔值（true / false）。经常使用逻辑运算符将多个逻辑量连接起来，构成更加复杂的条件。其说明如下。

- &&（逻辑与）：当左右两边的操作数都为 true 时，返回 true，否则返回 false。
- ||（逻辑或）：当左右两边的操作数都为 false 时，返回 false，否则返回 true。
- !（逻辑非）：这是一个一元运算符，当操作数为 true 时，返回 false，否则返回 true。
- xor（逻辑异或）：当左右两边的操作数都为 true 或者都为 false 时，返回 false，否则返回 true。

【示例 2-22】 逻辑运算符。

```
<?php
    $a = true;
    $b = false;
    $x = ($a && $b);     //$x 的值为布尔型 false
    $x = ($a || $b);     //$x 的值为布尔型 true
    $x = (!$a);          //$x 的值为布尔型 false
    $x = ($a xor $b);    //$x 的值为布尔型 true
```

2.3.6 条件运算符

PHP 中除了以上介绍的运算符外，还有一些其他的运算符。例如：条件运算符（?:），这是一个三元运算符，可以用来进行简单的逻辑判断。其语法格式如下。

表达式 ? 操作数 1 : 操作数 2

说明：检查指定的"表达式"，如果其结果为 true 时，计算并获取"操作数 1"的值，否则计算并获取"操作数 2"的值。

【示例 2-23】 条件运输符（?:）。

```
<?php
    $a = 15;
    $b = 10;

    $max = ($a > $b) ? $a : $b;
    echo "$a 与 $b 中的较大值为: ".$max;
```

示例 2-23 的执行结果如图 2-10 所示。

图 2-10 条件运输符（?:）

2.3.7 运算符的优先级

运算符的优先级指的是在表达式中哪一个运算符应该先计算，如果运算符的优先级相同，则使用从左到右的顺序进行计算。可以使用小括号"()"来控制运算顺序，任何在小括号内的运算将最优先进行。PHP 中主要运算符的优先级见表 2-1。

表 2-1 PHP 中主要运算符的优先级

优先级 （从高到低）	运算符	结合方向
1	++、--	非结合
2	!	非结合
3	*、/、%	从左到右
4	+、-	从左到右
5	<、<=、>、>=	非结合
6	==、!=、===、!==	非结合
7	&&	从左到右
8	||	从左到右
9	?:	从左到右
10	=、+=、-=、*=、/=、%=、.=	从右到左
11	xor	从左到右
12	.	从左到右

2.4　PHP 流程控制语句

流程控制语句是任何一门编程语言的核心部分，是控制程序步骤的基本手段。结构化程序设计语言有三种基本结构：顺序结构、分支结构、循环结构。PHP 提供了实现这三种程序结构的语句，其中，顺序结构就是语句按照出现的先后次序顺序执行，主要是赋值语句、输入/输出语句等，是最基本的程序结构，在此不再做过多介绍。本节主要介绍分支结构和循环结构的使用。

2.4.1　分支结构语句

分支结构主要是用于解决一些需要先做判断再进行选择的问题。满足条件时执行某一内容，不满足时则执行另一内容。在 PHP 中，分支结构语句主要有以下几种形式。

2.4.1

- if 语句。
- if … else 语句。
- if … else if 语句。
- switch … case 语句。
- 分支结构的嵌套。

1. if 语句

if 语句是单一条件分支结构。其语法格式如下。

```
if（表达式）
    语句块；
```

if 语句流程图如图 2-11 所示。

说明：
- 如果"表达式"成立，则执行"语句块"中的代码；否则不执行。
- 如果"语句块"是由多条语句组成的代码块，则必须要使用一组花括号"{ }"把该代码块括起来。

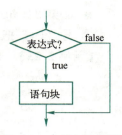

图 2-11　if 语句流程图

【示例 2-24】　按照从小到大对两个整数进行排序。

```php
<?php
    $a = 15;
    $b = 10;
    echo $a." ".$b."<br>";
    if ($a > $b) {
        $x = $a;
        $a = $b;
        $b = $x;
    }
    echo $a." ".$b;
```

示例 2-24 的执行结果如图 2-12 所示。

图 2-12　按照从小到大对两个整数进行排序

2．if … else 语句

if … else 语句是双向条件分支结构。其语法格式如下。

```
if (表达式)
    语句块1;
else
    语句块2;
```

if … else 语句流程图如图 2-13 所示。

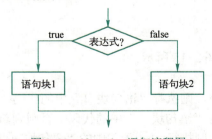

图 2-13　if … else 语句流程图

说明：
- 如果"表达式"成立，则执行"语句块 1"中的代码；否则执行"语句块 2"中的代码。

- 如果"语句块 1"或"语句块 2"是由多条语句组成的代码块，则必须要使用一组花括号"{ }"把该代码块括起来。

【示例 2-25】 获取两个整数中的较大值。

```php
<?php
    $a = 15;
    $b = 10;
    $max;
    if ($a > $b) {
        $max = $a;
    }
    else {
        $max = $b;
    }
    echo "$a 与 $b 中的较大值为: ".$max;
```

示例 2-25 的执行结果如图 2-14 所示。

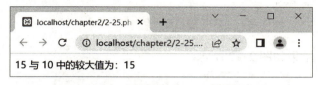

图 2-14　获取两个整数中的较大值

说明：if 语句如果只是控制执行一条语句，可以使用花括号"{ }"括起来，也可以不用。通常建议不要省略 if、else 后面的花括号，即使只有一条语句。因为保留花括号可使程序代码具有更好的可读性。

3．if … elseif 语句

if … elseif 语句是多向条件分支结构。其语法格式如下。

```
if (表达式 1)
    语句块 1;
elseif (表达式 2)
    语句块 2;
…
elseif (表达式 n)
    语句块 n;
else
    语句块 n+1;
```

if … elseif 语句流程图如图 2-15 所示。

说明：
- 如果"表达式 1"成立，则执行"语句块 1"中的代码；否则判断"表达式 2"是否成立，如果成立，则执行"语句块 2"中的代码；否则判断"表达式 3"是否成立，依次类推；如果都不成立，则执行 else 子句中的"语句块 n+1"中的代码。实际中，else 子句也可以省略。
- 在 elseif 语句中同时只有一个表达式成立或者都不成立，它们之间是互为排斥的关系。

【示例 2-26】 百分制成绩转换成等级制。

```php
<?php
```

```php
$score = 92;                        //用户输入的百分制成绩
$grade;                             //获取到的成绩等级
if ($score>=90 && $score<=100) {
    $grade = '优秀';
}
elseif ($score>=80 && $score<=89) {
    $grade = '良好';
}
elseif ($score>=70 && $score<=79) {
    $grade = '中等';
}
elseif ($score>=60 && $score<=69) {
    $grade = '及格';
}
elseif ($score>=0 && $score<=59) {
    $grade = '不及格';
}
else {
    $grade = '百分制成绩不在0～100的范围之内！';
}
echo $score." ".$grade;             //输出百分制成绩和成绩等级
```

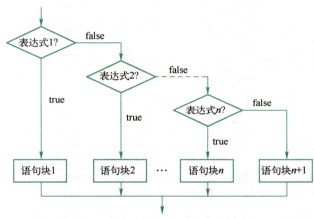

图 2-15　if...elseif 语句流程图

示例 2-26 的执行结果如图 2-16 所示。

图 2-16　百分制成绩转换成等级制

4．switch ... case 语句

switch ... case 语句也是多向条件分支结构。其语法格式如下。

```
switch (表达式)
{
case 值1:
```

```
    语句块1;
    break;
        case 值2:
            语句块2;
            break;
        …
        case 值n:
            语句块n;
            break;
        default:
            语句块n+1;
}
```

switch … case 语句流程图如图 2-17 所示。

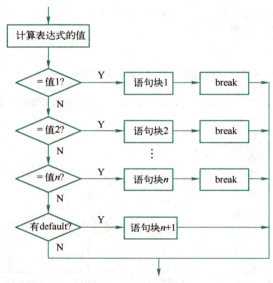

图 2-17 switch … case 语句流程图

说明：

- 首先计算 switch 语句后面的"表达式"的值，然后依次匹配 case 子句后面的值 1、值 2、…、值 n，如果遇到匹配的值，则执行对应语句块中的代码，执行到 break 语句后跳出 switch 条件判断；如果都不匹配，则执行 default 子句中的"语句块 n+1"中的代码。实际中，default 子句也可以省略。
- switch 语句后面的"表达式"的数据类型只能是整型或者字符串类型。
- case 子句的个数可以根据需要无限增加；case 和 default 子句的后面必须要有一个冒号":"，它们后面的语句块可以是由多行语句组成，且不必使用花括号"{ }"括起来，也可以为空语句。
- 如果一条分支语句中的后面没有加上 break 语句，则程序将会继续执行下一条分支语句中的内容。

【示例 2-27】 百分制成绩转换成等级制（使用 switch … case 语句）。

```
<?php
    $score = 92;              //用户输入的百分制成绩
    $grade;                   //获取到的成绩等级
```

```
switch (intval($score/10)) {
    case 10:
    case 9:
        $grade = '优秀';
        break;
    case 8:
        $grade = '良好';
        break;
    case 7:
        $grade = '中等';
        break;
    case 6:
        $grade = '及格';
        break;
    case 5:
    case 4:
    case 3:
    case 2:
    case 1:
    case 0:
        $grade = '不及格';
        break;
    default:
        $grade = '百分制成绩不在0～100的范围之内！';
}
echo $score." ".$grade;          //输出百分制成绩和成绩等级
```

5．分支结构的嵌套

分支结构的嵌套主要就是 if 语句的嵌套，是指 if 或 else 后面的语句块中又包含 if 语句，可以无限层地进行嵌套。其语法格式如下。

```
if (表达式1) {
    if (表达式2) {
        …
    }
    else {
        …
    }
}
else {
    if (表达式3) {
        …
    }
    else {
        …
    }
}
```

说明：当流程进入某个选择分支后又引出新的选择时，就需要使用嵌套的 if 语句。对于多重嵌套 if，最需要关注的是 if 与 else 的配对关系。

【示例 2-28】 判断某人是否退休。

根据一个人的性别和年龄，判断他（她）是否已退休。假定男士 60 岁退休；女士 55 岁退休。

```php
<?php
    $sex = '女';
    $age = 58;
    $msg;
    if ($sex == '男'){
        if ($age >= 60){
            $msg = '已退休';
        }
        else{
            $msg = '未退休';
        }
    }
    else{
        if ($age >= 55){
            $msg = '已退休';
        }
        else{
            $msg = '未退休';
        }
    }
    echo "该人士的性别为{$sex}，年龄为{$age}，{$msg}！";
```

示例 2-28 的执行结果如图 2-18 所示。

图 2-18　判断某人是否退休

2.4.2　循环结构语句

循环结构主要用于解决一些需要按照规定的条件重复执行某些操作的问题。这是计算机最擅长的功能之一，当给定的条件成立时，反复执行某程序段，直到条件不成立为止。给定的条件称为循环条件，反复执行的程序段称为循环体。在 PHP 中，循环结构语句主要有以下几种形式：

2.4.2

- while 语句。
- do … while 语句。
- for 语句。
- 循环结构的嵌套。

1．while 语句

while 循环语句需要事先设定一个条件，当条件成立时，反复执行指定的语句块，直到条件不成立为止。其语法格式如下。

while（表达式）
  语句块；

while 循环语句流程图如图 2-19 所示。

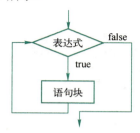

图 2-19　while 循环语句流程图

说明：如果"语句块"是由多条语句组成的代码块，则必须要使用一组花括号"{ }"把该代码块括起来。while 循环语句的执行步骤如下。

1）计算"表达式"的值，确定是 true 还是 false。

2）如果"表达式"的值为 true，则执行"语句块"中的代码，执行完以后返回到第 1）步执行；如果"表达式"的值为 false，则该循环语句结束，执行 while 语句之后的语句。

【示例 2-29】 计算 1＋2＋3＋4＋…＋100 的值。

```
<?php
    $i = 1;
    $sum = 0;
    while ($i<=100) {
        $sum = $sum + $i;
        $i++;
    }
    echo "1 + 2 + 3 + 4 + … + 100 = ".$sum;
```

示例 2-29 的执行结果如图 2-20 所示。

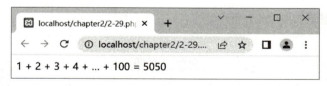

图 2-20　计算 1＋2＋3＋4＋…＋100 的值

2. do … while 语句

do … while 循环语句与 while 循环语句类似，主要区别是：do … while 循环语句首先会执行一次循环体，然后再判断条件是否成立；while 循环语句则首先判断条件是否成立，如果条件成立的话，执行循环体，否则循环终止。其语法格式如下。

do {
  语句块；
} while（表达式）；

do … while 循环语句流程图如图 2-21 所示。

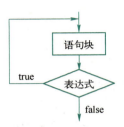

图 2-21 do … while 循环语句流程图

说明：do … while 循环的最后一定要有一个分号（;），分号是 do … while 语法的一部分。do … while 循环语句的执行步骤如下。

1）执行"语句块"中的代码。

2）计算"表达式"的值，如果"表达式"的值为 true，则返回到第 1）步执行；如果"表达式"的值为 false，则该循环语句结束，执行 do … while 语句之后的语句。

【示例 2-30】 计算 1 + 2 + 3 + 4 + … + 100 的值（使用 do … while 语句）。

```
<?php
    $i = 1;
    $sum = 0;
    do {
        $sum = $sum + $i;
        $i++;
    } while ($i<=100);
    echo "1 + 2 + 3 + 4 + … + 100 = ".$sum;
```

3. for 语句

for 循环主要用于明确知道重复执行次数的情况，将循环体重复执行预定的次数。其语法格式如下。

```
for (初始值；条件表达式；增量/减量){
    语句块；
}
```

for 循环语句流程图如图 2-22 所示。

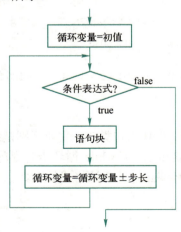

图 2-22 for 循环语句流程图

说明：for 语句是由分号（;）分隔的三大部分组成，其中的初始值、条件表达式、增量/减量都是表达式。初始值是一条赋值语句，用来给循环变量赋初值；条件表达式用来决定什么时候退出循序；增量/减量用来控制循环变量的值。for 循环语句的执行步骤如下。

1）给循环变量赋初值。

2）判断"条件表达式"，如果条件成立，则执行"语句块"中的代码；如果条件不成立，则该循环语句结束，执行 for 语句之后的语句。

3）条件成立执行完"语句块"中的代码后，以增量/减量更改循环变量的值，然后再返回到第 2）步执行。

【示例 2-31】 计算 1 + 2 + 3 + 4 + … + 100 的值（使用 for 语句）。

```
<?php
    $sum = 0;
    for ($i=1; $i<=100; $i++) {
        $sum = $sum + $i;
    }
    echo "1 + 2 + 3 + 4 + … + 100 = ".$sum;
```

for、while、do…while 三种循环语句具有基本相同的功能，在实际编程过程中，应根据实际需要和本着使程序简单易懂的原则来选择到底使用哪种循环语句。

4. 循环语句的嵌套

与分支结构的嵌套一样，while 语句和 for 语句也都可以嵌套使用，即在 while 语句中包含另一条 while 语句，在 for 语句中包含另一条 for 语句。通过循环语句的嵌套，可以完成一些相对复杂的编程。

【示例 2-32】 生成一个由心形图案组成的三角形。

```
<?php
    $str = '';
    for ($i=1; $i<=5; $i++) {
        for ($j=$i; $j<=5; $j++) {
            $str = $str.' ❤ ';
        }
        $str = $str."<br>";
    }
    echo $str;
```

示例 2-32 的执行结果如图 2-23 所示。

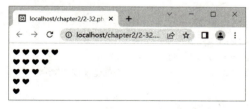

图 2-23　生成一个由心形图案组成的三角形

2.4.3　跳转语句

2.4.3

跳转语句主要是用于在循环体执行过程中终止循环，或者是跳过一些循环继续执行其他循环。

1．break 语句

break 语句可用于从循环体内跳出，即结束当前循环。break 可以结束 while、do…while、for、foreach 或者 switch 结构的执行。

【示例 2-33】 判断一个数是不是素数。

```php
<?php
    $num = 97;        //用户输入的一个整数
    $flag = false;
    for($i=2; $i<$num; $i++) {
        if($num%$i == 0) {
            $flag = true;
            break;    //结束当前循环
        }
    }
    if ($flag == true) {
        echo "$num 不是一个素数。";
    }
    else {
        echo "$num 是一个素数。";
    }
```

示例 2-33 的执行结果如图 2-24 所示。

图 2-24　判断一个数是不是素数

说明：使用 break 语句可以结束当前循环，也可以在循环嵌套中使用"break n;"语句结束指定的 n 重循环。例如"break 2;"，则表示结束两重循环。

2．continue 语句

continue 语句可用于跳过本次循环中尚未执行的语句，即 continue 后面的任何语句不再执行，重新开始新一轮的循环。

【示例 2-34】 输出两位正整数中所有不能被 2 和被 3 整除的数，每 10 个一行。

```php
<?php
    $k = 0;
    for($i=10; $i<=99; $i++) {
        if ($i%2 == 0 || $i%3 == 0) {
            continue;              //跳过本次循环
        }
        echo $i.' ';
        $k++;
        if ($k%10 == 0) {          //每 10 个换行
            echo "<br>";
        }
    }
```

示例 2-34 的执行结果如图 2-25 所示。

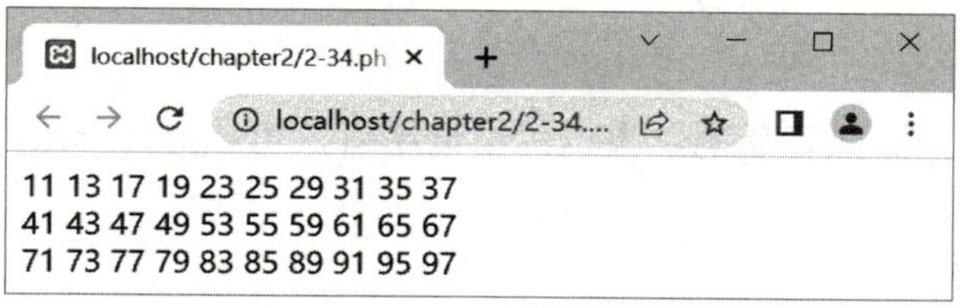

localhost/chapter2/2-34.ph
localhost/chapter2/2-34....
11 13 17 19 23 25 29 31 35 37
41 43 47 49 53 55 59 61 65 67
71 73 77 79 83 85 89 91 95 97

图 2-25　输出两位正整数中所有不能被 2 和被 3 整除的数

2.5 PHP 函数

函数是 PHP 中重要的组成部分。简单地说，函数就是一段被命名的、独立的、用以完成特定任务的代码块，并可以将一个返回值返回给调用它的程序。例如，求绝对值的函数 abs()，其功能就是用来求一个数的绝对值并返回，它是独立存在的，并不受其他函数的影响。

PHP 的模块化程序结构都是通过函数或者对象来实现的，函数则是将复杂的 PHP 程序分成若干个不同的功能模块，每个模块都编写成一个 PHP 函数，然后通过在脚本中调用函数，以及在函数中调用函数来实现一些大型问题的 PHP 脚本编写。函数的优点如下。

- 控制程序设计的复杂性。
- 提高软件的可靠性。
- 提高软件的开发效率。
- 提高软件的可维护性。
- 提高程序的重用性。

2.5.1 函数的定义与调用

在 PHP 中，除了已经提供给我们可直接使用的数以千计的系统函数以外，还可以根据模块需要自定义函数。自定义函数和系统函数在程序中的调用方式是一样的。

2.5.1

1. 函数的定义

在 PHP 中自定义一个函数的语法格式如下。

```
function 函数名 ( [参数1 [, 参数2 [, …]]] ) {
    函数体;
    [return 返回值;]        //如需函数有返回值时使用
}
```

说明：

- 函数头由声明函数的关键字“function”、函数名和参数列表三部分组成。
- 函数名的命名规则与变量相同，但是函数名不区分大小写，且其前面也没有“$”符号。
- 参数列表可以没有，也可以有一个或多个参数，多个参数之间使用逗号（,）隔开，即使没有参数，函数名后面的一对小括号“( )”也不能省略。
- 函数体位于函数头的后面，使用一对花括号“{ }”括起来。函数被调用后，则从函数体中的第一条语句开始执行，如果执行到 return 语句，则退出该函数，返回到调用的程序。
- 可以使用 return 语句从函数中返回一个值给调用的程序。

2. 函数的返回值

函数的返回值是将函数执行后的结果返回给调用者,可以通过 return 语句向调用者传递数据。其语法格式如下。

return 返回值;

3. 函数的调用

无论是自定义的函数还是系统函数,如果函数不被调用,则永远都不会执行。调用函数的语法格式如下。

函数名（[值1 [,值2 [,…]]]）

说明:
- 如果函数有参数列表,可以通过函数名后面的小括号传入对应的值给参数。
- 如果函数有返回值,可以把函数名当作函数返回的值使用。
- 只要定义的函数在脚本中可见,可以通过函数名在脚本的任意位置调用。既可以在函数的定义之后调用,也可以在函数的定义之前调用。

【示例 2-35】 通过函数获取三个整数中的最大值。

```php
<?php
    // 自定义函数 getMax()，用来返回三个整数中的最大值
    function getMax($x, $y, $z) {
        if ($x > $y) {
            $max = $x;
        }
        else {
            $max = $y;
        }
        if ($max < $z) {
            $max = $z;
        }
        return $max;     //返回最大值
    }
    //调用 getMax()函数，获取$a、$b、$c 中的最大值
    $a = 30; $b = 50; $c = 20;
    $max=getMax($a, $b, $c);
    echo "{$a}、{$b}、{$c} 中的最大值为：{$max}";
```

示例 2-35 的执行结果如图 2-26 所示。

图 2-26　通过函数获取三个整数中的最大值

4. 函数的参数

定义函数时,函数名后面小括号内的参数列表称为形式参数(简称"形参"),被调用函数名后面小括号内的参数列表称为实际参数(简称"实参"),实参和形参需要按顺序对应传递参数。

如果函数没有参数列表,则函数执行的任务就是固定的,用户在调用函数时不能改变函数

内部的一些执行行为；如果函数使用参数列表，函数参数的具体数值就可以从函数外部获得，这样函数在执行函数体时，就可以根据用户传递过来的数据决定函数体内部如何执行。

所以说，函数的参数列表就是给用户调用函数时提供的操作接口。其语法格式如下。

定义函数：*function 函数名 (形参)*

调用函数：*函数名（实参）*

例如，示例 2-35 中的 getMax()函数，其参数列表中有三个参数，分别用来接收用户传递过来的三个整数，这样用户调用 getMax()函数时，可以求出任意三个整数中的最大值。

PHP 函数的参数主要有以下三种：值参数、引用参数、默认参数。下面将分别进行介绍。

（1）值参数

在 PHP 中默认是按值传递参数，在函数内部更改了形参的值以后，实参的值不会发生改变。

【示例 2-36】 值参数。

```
<?php
    function test($var) {
        $var = 200;
    }
    $a = 100;
    echo "调用函数前, a={$a} <br>";
    test($a);        //调用函数test()
    echo "调用函数后, a={$a}";
```

示例 2-36 的执行结果如图 2-27 所示。

图 2-27 值参数

说明：在以上程序中，在调用 test()函数时，是将全局变量$a 的"值"传递给了函数中的形参$var。由于按值方式传递不会修改外部数据，所以即使在 test()函数中对变量$var 设置了新值 200，但是并不能改变函数外部变量$a 的值。因此，在调用 test()函数结束以后，变量$a 的值仍然为 100。

（2）引用参数

如果使用引用符号 "&" 对函数的形参进行修饰（例如：&$var），则表示是按引用的方式传递参数，在调用该函数时必须传入一个变量给这个参数，而不是传递一个值，这样在函数内部更改了形参的值以后，实参的值也相应发生改变。

【示例 2-37】 引用参数。

```
<?php
    function test(&$var) {
        $var = 200;
    }
    $a = 100;
    echo "调用函数前, a={$a} <br>";
    test($a);        //调用函数test()
    echo "调用函数后, a={$a}";
```

示例 2-37 的执行结果如图 2-28 所示。

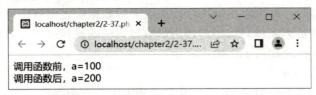

图 2-28 引用参数

说明：在以上程序中，在调用 test()函数时，是将全局变量$a 的"地址"传递给了函数中的形参$var。由于按引用方式传递会修改外部数据，所以在 test()函数中对变量$var 设置了新值 200，函数外部变量$a 的值也将一并被修改为 200。因此，在调用 test()函数结束以后，变量$a 的值将被设置为 200。

（3）默认参数

在定义函数时，如果给形参指定一个默认值（例如：$a=10），则表示是按默认的方式传递参数，在调用该函数时如果没有指定该参数的值，在函数中将会使用参数的默认值。需要注意的是，默认参数必须列在所有没有默认值参数的后面。

【示例 2-38】 默认参数。

```php
<?php
function say($name, $school='信息学院') {
    echo "我的名字叫{$name}，来自{$school}。<br>";
}
say('王凯');                      //调用函数 say()，使用默认参数
say('李明', '工程学院');           //调用函数 say()，覆盖默认参数
```

示例 2-38 的执行结果如图 2-29 所示。

图 2-29 默认参数

2.5.2 函数的变量作用域

变量的作用域，就是变量的范围或者变量的能见度。可分为局部变量和全局变量两种。

2.5.2

1. 局部变量

局部变量就是在函数内部声明的变量，其在本函数范围内有效，作用域仅限于函数体内。另外，定义函数时的形参也是局部变量，只能在本函数的内部使用。

【示例 2-39】 局部变量。

```php
<?php
function test() {
    $a = 200;            //在函数内部声明一个局部变量$a，赋值为200
    echo "在函数内部执行，a={$a} <br>";
```

```
}
echo "调用函数前, a={$a} <br>";
test();                 //调用函数test()
echo "调用函数后, a={$a}";
```

示例 2-39 的执行结果如图 2-30 所示。

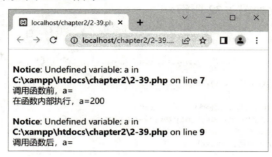

图 2-30　局部变量

说明：在以上程序中，$a 是函数 test()中的局部变量，只能在 test()函数的内部使用，在函数外部是无法访问到这个变量的，所以没有输出结果。

2. 全局变量

全局变量就是在函数外部声明的变量，其作用域是从全局变量的定义处开始，到本程序文件的末尾。在 PHP 中，局部变量会覆盖全局变量的能见度，因此在函数中无法直接使用全局变量。

【示例 2-40】　全局变量一。

```
<?php
    $a = 100;           //在函数外部声明一个全局变量$a, 赋值为100
    function test() {
        $a = 200;       //在函数内部声明一个同名的局部变量$a, 赋值为200
        echo "在函数内部执行, a={$a} <br>";
    }
    echo "调用函数前, a={$a} <br>";
    test();             //调用函数test()
    echo "调用函数后, a={$a}";
```

示例 2-40 的执行结果如图 2-31 所示。

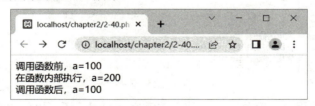

图 2-31　全局变量一

说明：在以上程序中，函数 test()中的局部变量$a 覆盖了全局变量$a，所以输出为 200。在函数外部访问到的是全局变量$a，其值为 100。

【示例 2-41】　全局变量二。

```
<?php
    $a = 100;           //在函数外部声明一个全局变量$a, 赋值为100
    function test() {
```

```
        echo "在函数内部执行, a={$a} <br>";
    }
    echo "调用函数前, a={$a} <br>";
    test();              //调用函数test()
    echo "调用函数后, a={$a}";
```

示例 2-41 的执行结果如图 2-32 所示。

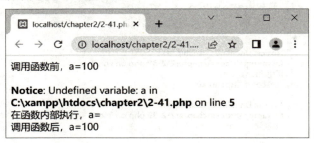

图 2-32　全局变量二

说明：在以上程序中，函数 test()不能直接访问全局变量$a。在 test()函数中使用的变量$a，相当于是一个没有赋初值的新声明的变量，所以没有输出结果。

如果要在函数中使用全局变量，必须使用 global 关键字定义目标变量，以告知函数此变量为全局变量。

【**示例 2-42**】　全局变量三。

```
<?php
    $a = 100;            //在函数外部声明一个全局变量$a, 赋值为100
    function test() {
        global $a;       //使用global关键字加载全局变量$a
        echo "在函数内部执行, a={$a} <br>";
    }
    echo "调用函数前, a={$a} <br>";
    test();              //调用函数test()
    echo "调用函数后, a={$a}";
```

示例 2-42 的执行结果如图 2-33 所示。

图 2-33　全局变量三

另外，在函数中使用全局变量，除了使用关键字 global，还可以使用全局的 PHP 预定义数组$GLOBALS。格式为：

```
$GLOBALS['全局变量名']
```

所以，示例 2-42 中的 test()函数也可以更改为如下代码。

```
<?php
    …
    function test() {
        echo "在函数内部执行, a={$GLOBALS['a']} <br>";
```

}
...

3. 静态变量

局部变量从存储方式上又可分为动态变量和静态变量。

在函数的局部变量中，以关键字 static 修饰的称为静态变量，否则默认为动态变量。其中动态变量在函数调用结束后自动释放，不会驻留在内存中；而静态变量在函数的第一次被调用时被初始化，在函数调用结束后，静态变量不会自动释放，始终驻留在内存中，而且在所有对该函数的调用之间共享，当函数再次执行时，静态变量将获取前次的结果继续运算。

【示例 2-43】 静态变量。

```
<?php
function test() {
    static $a = 0;   //声明一个静态变量$a，并赋初值为0
    $a++;
    echo "a = {$a} <br>";
}
//调用3次函数test()
test();
test();
test();
```

示例 2-43 的执行结果如图 2-34 所示。

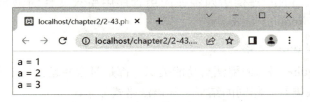

图 2-34　静态变量

说明：在以上程序中，$a 是函数 test()中的静态变量，连续 3 次调用 test()函数以后，$a 的值分别改变为 1、2、3。

2.6　其他常用语句

2.6.1　终止执行语句

在 PHP 脚本中，只要执行到 exit 语句，则会终止当前脚本的运行。

exit 是一个函数，die( )函数是 exit( )的别名。exit( )函数可以带有一个参数输出一条消息，并退出当前脚本。

【示例 2-44】 终止执行语句。

```
<?php
    // 使用fopen()函数以只读的方式打开当前目录下的readme.txt文件，
    // 如果失败则使用exit()函数输出错误消息，并退出当前脚本
```

```
    $file = @fopen('readme.txt', 'r') or exit('打开文件失败！');
```
示例 2-44 的执行结果如图 2-35 所示。

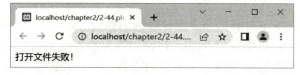

图 2-35　终止执行语句

说明：在以上程序中，如果当前目录下没有 readme.txt 文件，则显示如上所示的结果。另外，下述代码与示例 2-44 的功能是一致的。

```
<?php
    $file = @fopen('readme.txt', 'r');
    if (!$file){
        echo '打开文件失败！';
        exit;
    }
```

2.6.2　文件引用语句

为了确保程序代码的重用性和模块性，最普遍的方式是把功能组件隔离为单独的文件，然后在需要时重新组装。PHP 提供了四种在应用程序中引入文件的语句，分别为：include、require、include_once、require_once 语句。

1. include 语句和 require 语句

include 语句和 require 语句的用法与功能类似，都是包含并运行指定文件。这与在该语句所在位置复制该文件的数据具有相同的结果。其语法格式如下。

```
include 'filename';
require 'filename';
```

说明：在脚本执行期间，如果调用外部文件失败，require 语句将会给出一个致命错误，在错误发生后脚本会被立刻停止执行；而 include 语句只是给出一个警告，在错误发生后脚本仍然会被执行。

【示例 2-45】文件引用语句。

（1）myFunc.php

```
<?php
    // 自定义函数 getMax()，用来返回两数中的最大值
    function getMax($x, $y){
        return $x>$y ? $x : $y;
    }
    // 自定义函数 getMin()，用来返回两数中的最小值
    function getMin($x, $y){
        return $x<$y ? $x : $y;
    }
```

（2）2.6.2.php

```
<?php
    include 'myFunc.php';           //包含并执行 myFunc.php 文件
```

```
    $a = 36;
    $b = 64;
    echo "a = {$a}, b = {$b} <br>";
    echo "max(a, b) = ".getMax($a, $b)."<br>";
    echo "min(a, b) = ".getMin($a, $b);
```

示例 2-45 的执行结果如图 2-36 所示。

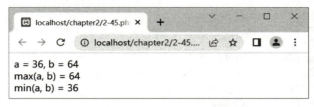

图 2-36　文件引用语句

说明：在以上程序中，在执行前首先会加载 include 语句所引入的 **myFunc.php** 文件，使它变成 PHP 脚本文件的一部分。采用这种方式，可以把程序执行时的流程简单化。

2. include_once 语句和 require_once 语句

include_once 语句与 include 语句、require 语句与 require_once 语句功能类似，也是在脚本执行期间包含并运行指定文件。不同的是：include_once 语句和 require_once 语句在使用前，会检查所需引用的文件是否已经在该程序的其他部分被引用。如果该文件已经被引用，则不会再重复引用该文件。

在脚本执行期间，如果调用外部文件失败，require_once 语句将会给出一个致命错误，以保证被引用过的文件只能被引用一次；而 include_once 语句只是给出一个警告，不会影响程序的继续执行。

include_once 语句和 require_once 语句可以防止多次包含相同的数据库、避免函数被重复定义而产生的错误。

2.7　习题

1. 写出下面代码执行的结果。

```
<?php
    $s = 'Hello';
    $$s = 'World';
    $$s .= '!';
    echo $Hello;
?>
```

2. 写出下面代码执行的结果。

```
<?php
    $a = 25;
    $b = 025;
    $c = 0x25;
    echo '$a = '.$a.'<br>';
    echo '$b = '.$b.'<br>';
```

```
        echo '$c = '.$c;
    ?>
```

3. 写出下面代码执行的结果。

```
<?php
    $x1 = false;
    $x2 = null;
    var_dump($x1 == $x2);
    $x3 = null;
    $x4 = 0;
    var_dump($x3 == $x4);
    $x5 = 0;
    $x6 = '0';
    var_dump($x5 == $x6);
    $x7 = '0';
    $x8 = '';
    var_dump($x7 == $x8);
    $x9 = 0;
    $x10 = '';
    var_dump($x9 == $x10);
?>
```

4. 某单位马上要加工资，增加金额取决于工龄和现工资两个因素：(1) 对于工龄大于或等于 20 年的，如果现工资高于 4000 元，加 500 元；否则加 420 元。(2) 对于工龄小于 20 年的，如果现工资高于 3000 元，加 300 元；否则加 240 元。编程求加工资后的员工工资。

5. 加油站为了鼓励车主多加油，实行多加多优惠政策，具体优惠如下。(1) 92 号汽油每升 6.5 元；如果大于或等于 20 升，那么每升 6.3 元。(2) 95 号汽油每升 7.2 元；如果大于或等于 30 升，那么每升 6.8 元。(3) 98 号汽油每升 7.8 元；如果大于或等于 40 升，那么每升 7.2 元。编程求加油后的付款金额。

6. 计算数列 1/2、2/3、3/5、5/8、… 的前 10 项之和。

7. 使用 $\pi/4 = 1 - 1/3 + 1/5 - 1/7 + \cdots$ 级数，编程求 π 的近似值。当最后一项的绝对值小于 10^{-7} 时，停止计算。

8. 输出 100～200 之间所有的素数，每 5 个一行。

9. 有一堆零件（100～200 个之间），如果以 4 个零件为一组进行分组，则多两个零件；如果以 7 个零件为一组进行分组，则多 3 个零件；如果以 9 个零件为一组进行分组，则多 5 个零件。求这堆零件的总数。

10. 已知：红白球共 25 个，白黑球共 31 个，红黑球共 28 个，求三种球各有多少？

11. 有一四位数，已知其个位数字比十位数字大 1，百位数字比十位数字小 2，把这四位数各数位上的数字次序颠倒后的新数与原四位数相加，其和为 10109，编程求原四位数。

12. 有面值为 1 元、2 元、5 元、10 元的某国货币若干，从中取出 20 张使其总值为 80 元，共有多少种取法？每种取法中，1 元、2 元、5 元、10 元各多少张？

13. 定义一个函数，用来实现第 4 题的功能。

14. 定义一个函数，用来实现第 5 题的功能。

15. 定义一个函数，用来实现第 7 题的功能。

第 3 章　PHP 数组及数组操作函数

数组是 PHP 中最重要的数据类型之一,在 PHP 中的应用非常广泛。通过数组可以将多个相互关联的数据组织在一起形成集合,作为一个单元使用,以达到批量处理数据的目的。本章学习要点如下。
- 数组的分类
- 创建数组
- 统计数组元素
- 遍历数组
- 数组的排序
- 数组的检索
- 数组元素的增删操作
- 数组元素的截取操作

3.1 数组分类与创建

3.1.1 数组的分类

数组是一组有序排列的数据集合,把一系列数据按照一定的规则组织起来,形成一个可操作的整体。数组中的每个实体都包含键和值。

PHP 中的数组与其他高级语言相比,更为复杂和灵活。和其他语言不一样的是,可以将不同类型的数据组织在同一个数组中,而且 PHP 数组存储数据的容量还可以根据数组中元素个数的增减自动调整。

存储在数组中的单个值称为数组的元素,每个数组元素都有一个相关的索引,可以视为数据内容在此数组中的识别名称,通常也被称为数组下标,可以通过使用数组中的下标来访问与之对应的数组元素。

根据数组中提供下标的方式进行分类,可以分为索引数组和关联数组。
- 索引数组:索引值是整数,从 0 开始,依次递增。当通过位置来标识数组元素时,可以使用索引数组。
- 关联数组:以字符串作为索引值,每个下标字符串与数组的值一一关联对应(类似对象的键值对)。

根据数组中下标的个数进行分类,可以分为一维数组和多维数组。
- 一维数组:数组中只有一个下标。
- 多维数组:数组中有多个下标,常用的是二维数组,即有两个下标。

3.1.2 创建数组

3.1.2

在 PHP 中创建数组非常灵活,PHP 不需要在创建数组时指定数组的大小,也不需要在使用数组前先行声明,甚至可以在同一个数组中存储不同类型的数据。

在 PHP 中创建数组可以使用以下三种方法：
- 使用直接赋值方式创建数组。
- 使用[]（方括号）字面量方式创建数组（PHP5.4 版本之后支持）。
- 使用 array()函数创建数组。

1. 一维数组的声明和初始化

数组中索引值（下标）只有一个的数组称为一维数组，在数组中这是最简单的一种，也是最常用的一种。

（1）使用直接赋值方式创建一维数组

使用直接赋值方式创建一维数组的语法格式如下。

```
$数组名[下标] = value
```

说明：以上是在对数组声明的同时进行了初始化操作。方括号（[]）中的下标可以使用数字声明为索引数组，也可以使用字符串声明为关联数组。

【示例 3-1】 使用直接赋值方式创建一维数组。

```php
<?php
    echo '<pre>';
    $stu1[0] = '21031201';
    $stu1[1] = '张华';
    $stu1[2] = '男';
    $stu1[3] = 20;
    print_r($stu1);
    $stu2['stuNo'] = '21031202';
    $stu2['stuName'] = '李丽';
    $stu2['sex'] = '女';
    $stu2['age'] = 19;
    print_r($stu2);
```

说明：在以上代码中，使用 print_r()函数输出数组中的所有元素，也可以使用 var_dump()函数输出整个数组。

示例 3-1 的执行结果如图 3-1 所示。

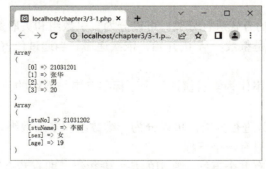

图 3-1 使用直接赋值方式创建一维数组

（2）使用[]字面量方式创建一维数组

在 PHP5.4 版本之后，支持使用字面量的方式创建数组，可以使用一对方括号（[]）的方式表示数组字面量。

使用[]字面量方式创建一维数组的语法格式如下。

① 创建一个空数组。

  $*数组名* = []*

② 创建一个索引数组。

  $*数组名* = [value1, values2, value3, …]*

③ 创建一个关联数组。

  $*数组名* = [key1=>value1, key2=>values2, key3=>value3, …]*

说明：在创建关联数组时，需要指定一定数量的使用逗号（,）分隔的 key=>value 参数对。其中，key 是键名，value 是键值，=>是数组运算符。

【示例 3-2】 使用[]字面量方式创建一维数组。

```
<?php
    echo '<pre>';
    $stu0 = [];
    print_r($stu0);
    $stu1 = ['21031201','张华', '男', 20];
    print_r($stu1);
    $stu2 = ['stuNo'=>'21031202', 'stuName'=>'李丽', 'sex'=>'女', 'age'=>19];
    print_r($stu2);
```

示例 3-2 的执行结果如图 3-2 所示。

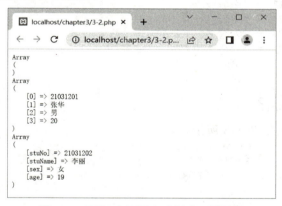

图 3-2　使用[]字面量方式创建一维数组

（3）使用 array()函数创建一维数组

使用 array()函数创建一维数组的语法格式如下。

① 创建一个空数组。

  $*数组名* = array()*

② 创建一个索引数组。

  $*数组名* = array(value1, values2, value3, …)*

③ 创建一个关联数组。

  $*数组名* = array(key1=>value1, key2=>values2, key3=>value3, …)*

【示例 3-3】 使用 array()函数创建一维数组。

```
<?php
    echo '<pre>';
```

```
$stu0 = array();
print_r($stu0);
$stu1 = array('21031201','张华', '男', 20);
print_r($stu1);
$stu2 = array('stuNo'=>'21031202', 'stuName'=>'李丽', 'sex'=>'女', 'age'=>19);
print_r($stu2);
```

示例 3-3 的执行结果与图 3-2 一致。

2. 多维数组的声明和初始化

数组中索引值（下标）有多个的数组称为多维数组，其中拥有两个下标的二维数组是最常用的多维数组。

（1）使用直接赋值方式创建多维数组

以二维数组为例，使用直接赋值方式创建多维数组的语法格式如下。

$数组名[下标1][下标2] = value

说明：[下标 1]表示的是数组第一维的下标，[下标 2]表示的是数组第二维的下标。

【示例 3-4】 使用直接赋值方式创建二维数组（索引数组）。

```
<?php
    echo '<pre>';
    $stu[0][0] = '21031201';
    $stu[0][1] = '张华';
    $stu[0][2] = '男';
    $stu[0][3] = 20;
    $stu[1][0] = '15031202';
    $stu[1][1] = '李丽';
    $stu[1][2] = '女';
    $stu[1][3] = 19;
    print_r($stu);
```

示例 3-4 的执行结果如图 3-3 所示。

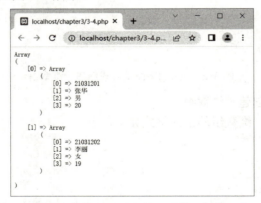

图 3-3 使用直接赋值方式创建二维数组（索引数组）

【示例 3-5】 使用直接赋值方式创建二维数组（关联数组）。

```
<?php
    echo '<pre>';
    $stu['stu1']['stuNo'] = '21031201';
    $stu['stu1']['stuName'] = '张华';
    $stu['stu1']['sex'] = '男';
```

```
$stu['stu1']['age'] = 20;
$stu['stu2']['stuNo'] = '21031202';
$stu['stu2']['stuName'] = '李丽';
$stu['stu2']['sex'] = '女';
$stu['stu2']['age'] = 19;
print_r($stu);
```

示例 3-5 的执行结果如图 3-4 所示。

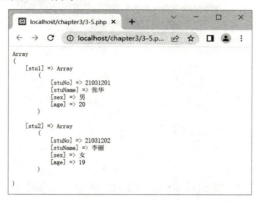

图 3-4　使用直接赋值方式创建二维数组（关联数组）

（2）使用[]字面量方式创建多维数组

以二维数组为例，使用[]字面量方式创建多维数组的语法格式如下。

① 创建一个索引数组。

```
$数组名 = [
    [value1-1, values1-2, value1-3],
    [value2-1, values2-2, value2-3],
    … ]
```

② 创建一个关联数组。

```
$数组名 = [
    key1_1=>[key2_1=>value1-1, key2_2=>values1-2, key2_3=>value1-3],
    key1_2=>[key2_1=>value2-1, key2_2=>values2-2, key2_3=>value2-3],
    … ]
```

【示例 3-6】使用[]字面量方式创建二维数组（索引数组）。

```
<?php
    echo '<pre>';
    $stu = [['21031201','张华','男',20],['21031202','李丽','女',19]];
    print_r($stu);
```

示例 3-6 的执行结果与图 3-3 一致。

【示例 3-7】使用[]字面量方式创建二维数组（关联数组）。

```
<?php
    echo '<pre>';
    $stu = ['stu1'=>['stuNo'=>'21031201', 'stuName'=>'张华', 'sex'=>'男', 'age'=>20],
            'stu2'=>['stuNo'=>'21031202', 'stuName'=>'李丽', 'sex'=>'女', 'age'=>19]];
    print_r($stu);
```

示例 3-7 的执行结果与图 3-4 一致。

在前面创建数组的代码中，也可以省略掉第一维的下标"stu1"和"stu2"，更改如下。

```
$stu = [['stuNo'=>'21031201', 'stuName'=>'张华', 'sex'=>'男', 'age'=>20],
        ['stuNo'=>'21031202', 'stuName'=>'李丽', 'sex'=>'女', 'age'=>19]];
```

执行结果如图 3-5 所示。

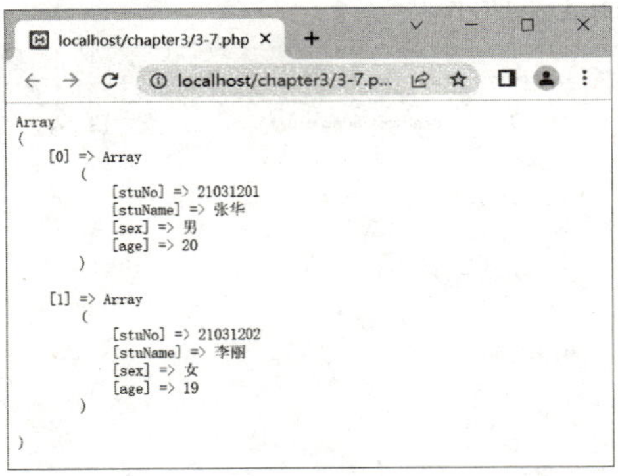

图 3-5　使用[]字面量方式创建二维数组（关联数组）

（3）使用 array()函数创建多维数组

以二维数组为例，使用 array()函数创建多维数组的语法格式如下。

① 创建一个索引数组。

```
$数组名 = array(
    array(value1-1, values1-2, value1-3),
    array(value2-1, values2-2, value2-3),
    … )
```

② 创建一个关联数组。

```
$数组名 = array(
key1_1=>array(key2_1=>value1-1, key2_2=>values1-2, key2_3=>value1-3),
key1_2=>array(key2_1=>value2-1, key2_2=>values2-2, key2_3=>value2-3),
… )
```

【示例 3-8】　使用 array()函数创建二维数组（索引数组）。

```
<?php
    echo '<pre>';
    $stu = array(
        array('21031201','张华', '男', 20),
        array('21031202','李丽', '女', 19)
    );
    print_r($stu);
```

示例 3-8 的执行结果与图 3-3 一致。

【示例 3-9】　使用 array()函数创建二维数组（关联数组）。

```
<?php
    echo '<pre>';
    $stu = array(
        array('stuNo'=>'21031201', 'stuName'=>'张华', 'sex'=>'男', 'age'=>20),
        array('stuNo'=>'21031202', 'stuName'=>'李丽', 'sex'=>'女', 'age'=>19)
    );
```

```
    print_r($stu);
```

示例 3-9 的执行结果与图 3-5 一致。

3.1.3 统计数组元素及遍历

1. 统计数组元素个数

在 PHP 中，使用 count()函数可以统计数组中元素的个数。其语法格式如下。

```
int count (array arr[, int mode])
```

说明：
- 第 1 个参数 arr，指定要进行统计的数组。
- 第 2 个参数 mode 是可选项，用于指定统计模式，如果省略或者设置为 0，则默认不进行递归遍历统计；如果设置为 1，则表示递归遍历数组，即统计多维数组中的所有元素。

【示例 3-10】 统计数组中元素的个数。

```
<?php
    $stu = [['stuNo'=>'21031201', 'stuName'=>'张华', 'sex'=>'男', 'age'=>20],
        ['stuNo'=>'21031202', 'stuName'=>'李丽', 'sex'=>'女', 'age'=>19]];
    echo "普通统计: ".count($stu)."<br>";
    echo "递归统计: ".count($stu, 1)."<br>";
```

示例 3-10 的执行结果如图 3-6 所示。

图 3-6　统计数组中元素的个数

2. 数组的遍历

在 PHP 中，可以在程序中使用[]读取下标的方式访问数组中的某个成员，例如：stu[1]、stu['stuName']、stu[0][1]、stu['stu1']['stuName']等。

也可以使用遍历处理数组中的每个元素，数组的遍历是常用操作，遍历数组的方法有很多，通常使用 for 循环和 foreach 循环。

（1）使用 for 语句遍历数组

对于连续数字的索引数组，可以使用 for 语句进行遍历。但是在 PHP 中，不仅可以指定非连续的数字索引值，而且还存在以字符串为下标的关联数组，所以在 PHP 中很少使用 for 语句来循环遍历数组。

【示例 3-11】 使用 for 语句遍历一维数组，输出数组中的所有元素。

```
<?php
    $stu = ['21031201', '张华', '男', 20];
    //使用 for 语句遍历一维数组，输出每一个数组元素的值
    for($i=0; $i<count($stu); $i++) {
```

```
        echo $stu[$i]."<br>";
    }
```

示例 3-11 的执行结果如图 3-7 所示。

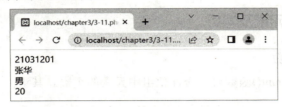

图 3-7　使用 for 语句遍历一维数组

（2）使用 foreach 语句遍历数组

使用 for 语句遍历数组具有很多的局限性，所以很少使用。使用 foreach 语句遍历数组是一种较为简便的方法。foreach 语句遍历数组时与数组的下标无关，不管是连续数字的索引数组，还是以字符串为下标的关联数组，都可以使用 foreach 语句遍历。foreach 语句有以下两种语法格式：

① 第一种语法格式。

```
foreach($array as $value){
    循环体
}
```

② 第二种语法格式。

```
foreach($array as $key=>$value){
    循环体
}
```

说明：
- 第一种语法格式遍历给定的数组$array，每次循环中，当前元素的值赋给自定义的变量$value，并且把数组内部的指针向后移动一步，那么下一次循环中将会得到该数组的下一个元素，直到数组的结尾停止循环，结束数组的遍历。
- 第二种语法格式与第一种语法格式的功能相同，只不过也要把当前元素的键名在每次循环中赋给自定义的变量$key。

【示例 3-12】使用 foreach 语句遍历一维数组，以"键=>值"的形式输出数组中的所有元素。

```
<?php
    $stu = ['stuNo'=>'21031201', 'stuName'=>'张华', 'sex'=>'男', 'age'=>20];
    //使用 foreach 语句遍历一维数组，以"键=>值"的形式输出数组中的所有元素
    foreach($stu as $key=>$value){
        echo $key."=>".$value."<br>";
    }
```

示例 3-12 的执行结果如图 3-8 所示。

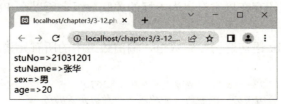

图 3-8　使用 foreach 语句遍历一维数组

【示例 3-13】 使用 foreach 语句遍历二维数组，并以表格的形式输出数组中的所有元素。

```
<!DOCTYPE html>
<html lang="zh">
    <head>
        <meta charset="UTF-8">
        <title>学生信息表</title>
    </head>
    <body>
        <table width="100%" border="1" cellspacing="0" cellpadding="3">
            <caption><h2>学生信息表</h2></caption>
            <tr><th>学号</th><th>姓名</th><th>性别</th><th>年龄</th></tr>
            <?php
                $stu = [['stuNo'=>'21031201', 'stuName'=>'张华', 'sex'=>'男', 'age'=>20], ['stuNo'=>'21031202', 'stuName'=>'李丽', 'sex'=>'女', 'age'=>19]];
                foreach($stu as $row){
            ?>
            <tr>
                <td><?php echo $row['stuNo'] ?></td>
                <td><?php echo $row['stuName'] ?></td>
                <td><?php echo $row['sex'] ?></td>
                <td><?php echo $row['age'] ?></td>
            <tr/>
            <?php
                }
            ?>
        </table>
    </body>
</html>
```

示例 3-13 的执行结果如图 3-9 所示。

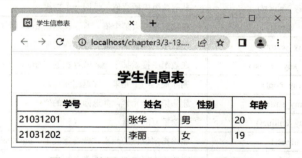

图 3-9 使用 foreach 语句遍历二维数组

3.2 常用数组操作函数

在 PHP 中，提供了大量实用的数组操作函数，可以帮助用户完成诸如数组元素的排序、检索、添加、删除、合并、拆分等数组处理工作。

数组操作函数是 PHP 核心的组成部分，无须安装即可使用这些函数。

PHP 中常用数组操作函数及其功能见表 3-1。

表 3-1 PHP 中常用数组操作函数及其功能

序 号	函 数 名	功 能
1	array()	创建数组
2	count()	统计数组元素的个数
3	list()	用来在一次操作中给一组变量赋值。在 PHP 7 之前，该函数仅能用于数字索引数组、且索引从 0 开始
4	key()	返回当前元素的键
5	current()	返回当前元素的值
6	next()	指针向后移动一个位置，返回当前元素的值
7	prev()	指针向前移动一个位置，返回当前元素的值
8	each()	返回数组中当前指针位置的键和值，并将指针移动到下一个元素。该函数在 PHP 7.2.0 中已被弃用
9	reset()	将指针移动到第一个元素，并返回第一个元素的值
10	end()	将指针移动到最后一个元素，并返回最后一个元素的值
11	sort()	正序，改变下标，变成默认下标
12	rsort()	倒序，改变下标，变成默认下标
13	asort()	正序，下标不变，元素位置改变
14	arsort()	倒序，下标不变，元素位置改变
15	ksort()	正序，按照下标排序
16	krsort()	倒序，按照下标排序
17	shuffle()	随机排序
18	array_reverse()	翻转数组，得到一个新的数组
19	explode()	将字符串分割成数组
20	impode()	将数组拼接成字符串
21	array_keys()	获取数组中所有键，返回一个数组
22	array_values()	获取数组中所有值，返回一个数组
23	in_array()	在数组中搜索某个值。若存在返回 true，不存在返回 false
24	array_search()	在数组中搜索某个值。若存在则返回键名，不存在则返回 false
25	array_key_exists()	在数组中搜索某个键。若存在返回 true，不存在返回 false
26	array_pop()	删除最后一个元素，并返回元素的值
27	array_shift()	删除第一个元素，并返回元素的值
28	array_unique()	删除重复的元素
29	unset()	删除指定位置的元素。严格意义上，unset 表示销毁指定变量
30	array_push()	在数组末尾添加一个或多个元素
31	array_unshift()	在数组开头添加一个或多个元素
32	array_splice()	在指定位置删除 0 个以上的元素并插入新的元素
33	array_merge()	两个及两个以上数组合并成一个新数组。若出现键名相同，后面的键值会覆盖前面的键值
34	array_merge_recursive()	两个及两个以上数组合并成一个新数组。若出现键名相同，会将同名数组递归组成一个新的数组
35	array_chunk()	将数组分割成新的数组块
36	array_slice()	从数组中截取一定长度的元素作为新的数组返回
37	array_rand()	从数组中随机选出一定长度的元素，组成新的数组返回

3.2.1 数组的排序

在 PHP 中，使用 sort()、rsort()、asort()、arsort()、ksort()、krsort()和 shuffle()函数，可以用来对数组中的元素进行排序。其语法格式如下。

```
bool sort (array arr [, int sortingtype])
bool rsort (array arr [, int sortingtype])
bool asort (array arr [, int sortingtype])
bool arsort (array arr [, int sortingtype])
bool ksort (array arr [, int sortingtype])
bool krsort (array arr [, int sortingtype])
bool shuffle (array arr [, int sortingtype])
```

说明：
- 排序的返回值若是为 true，则表示排序成功；若是为 false，则表示排序失败。这 7 个数组排序函数及其功能见表 3-2。

表 3-2 数组排序函数及其功能

序 号	函 数 名	功 能
1	sort()	正序，改变下标，变成默认下标
2	rsort()	倒序，改变下标，变成默认下标
3	asort()	正序，下标不变，元素位置改变
4	arsort()	倒序，下标不变，元素位置改变
5	ksort()	正序，按照下标排序
6	krsort()	倒序，按照下标排序
7	shuffle()	随机排序

- 第 1 个参数 arr，指定要进行排序的数组。
- 第 2 个参数 sortingtype 是可选项，用于指定排序时的比较方式，其常用取值见表 3-3。

表 3-3 sortingtype 参数及其说明

序 号	sortingtype 参数值	说 明
1	0 = SORT_REGULAR	默认值。把每一项按常规顺序排列（不改变类型）
2	1 = SORT_NUMERIC	把每一项作为数字来处理
3	2 = SORT_STRING	把每一项作为字符串来处理

【示例 3-14】 使用 sort()、rsort()等函数进行数组排序的比较。

```php
<?php
    $arr = [1=>35, 3=>22, 5=>75, 7=>15, 9=>50];
    echo "<strong>原始顺序: </strong><br>";
    print_r($arr);
    echo "<br><strong> sort(): </strong><br>";
    $arr1 = $arr;
    sort($arr1);
    print_r($arr1);
    echo "<br><strong> rsort(): </strong><br>";
    $arr1 = $arr;
    rsort($arr1);
    print_r($arr1);
```

```php
echo "<br><strong> asort(): </strong><br>";
$arr1 = $arr;
asort($arr1);
print_r($arr1);
echo "<br><strong> arsort(): </strong><br>";
$arr1 = $arr;
arsort($arr1);
print_r($arr1);
echo "<br><strong> ksort(): </strong><br>";
$arr1 = $arr;
ksort($arr1);
print_r($arr1);
echo "<br><strong> krsort(): </strong><br>";
$arr1 = $arr;
krsort($arr1);
print_r($arr1);
echo "<br><strong> shuffle(): </strong><br>";
$arr1 = $arr;
shuffle($arr1);
print_r($arr1);
echo "<br>";
shuffle($arr1);
print_r($arr1);
```

示例 3-14 的执行结果如图 3-10 所示。

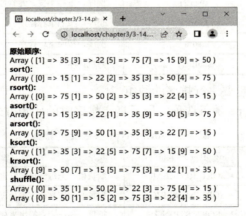

图 3-10　使用 sort()、rsort()等函数进行数组排序的比较

另外，使用 array_reverse()函数可以将数组翻转，返回一个翻转后的新的数组。其语法格式如下。

```
array array_reverse (array arr [, bool preserve] )
```

说明：

- 第 1 个参数 arr，指定要操作的数组。
- 第 2 个参数 preserve 是可选项，用于指定是否保留原始数组的键名。如果设置为 true，则表示保留原有的键名对数组进行翻转。默认值为 false。

【示例 3-15】　使用 array_reverse()函数翻转数组。

```php
<?php
    $arr = [1=>35, 3=>22, 5=>75, 7=>15, 9=>50];
```

```
echo "<strong>原始顺序: </strong><br>";
print_r($arr);
echo "<br><strong>默认翻转: </strong><br>";
$arr1 = array_reverse($arr);
print_r($arr1);
echo "<br><strong>保留键名翻转: </strong><br>";
$arr1 = array_reverse($arr, true);
print_r($arr1);
```

示例 3-15 的执行结果如图 3-11 所示。

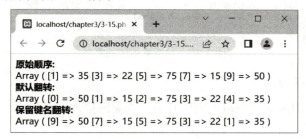

图 3-11　使用 array_reverse()函数翻转数组

3.2.2　数组的检索

在 PHP 中，使用 array_keys()、array_values()、in_array() 和 array_key_exists()等函数，可以用来在数组中进行相关信息的搜索。

3.2.2

1. array_keys()函数

array_keys()函数用来获取数组中的所有键名，其返回值为一个数组。其语法格式如下。

```
array array_keys (array arr [, mixed value [,bool strict]])
```

说明：
- 第 1 个参数 arr，指定要进行检索的数组。
- 第 2 个参数 value 是可选项，用于指定要检索的值。如果设置了某一个值，则表示只有与该值对应的键名才会被返回；如果省略，则表示所有的键名都会被返回。
- 第 3 个参数 strict 也是可选项，需要配合 value 参数进行使用。如果设置为 true，则表示严格模式，需要区分数据类型，即：1 和"1"是不一样的两个值；如果设置为 false，则不需要区分数据类型，即：1 和"1"是一样的两个值。默认值为 false。

【示例 3-16】　获取数组中的键名。

```
<?php
$arr = ['d'=>45, 'f'=>23, 'h'=>'45', 't'=>98, 'w'=>12];
echo "<strong>原始数组: </strong><br>";
print_r($arr);
echo "<br><strong>返回所有的键名: </strong><br>";
print_r(array_keys($arr));
echo "<br><strong>返回值所有值为 45 的键名: </strong><br>";
print_r(array_keys($arr, 45));
echo "<br><strong>返回值所有值为 45 的键名（严格模式）: </strong><br>";
print_r(array_keys($arr, 45, true));
```

示例 3-16 的执行结果如图 3-12 所示。

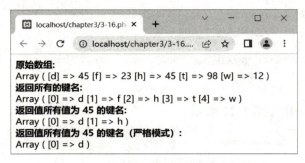

图 3-12　获取数组中的键名

2. array_values()函数

array_values()函数用来获取数组中的所有值，其返回值为一个数组。其语法格式如下。

```
array array_values (array arr)
```

说明：参数 arr，指定要进行检索的数组。

【示例 3-17】　获取数组中的所有值。

```
<?php
    $arr = ['d'=>45, 'f'=>23, 'h'=>'45', 't'=>98, 'w'=>12];
    echo "<strong>原始数组：</strong><br>";
    print_r($arr);
    echo "<br><strong>返回所有的值：</strong><br>";
    print_r(array_values($arr));
```

示例 3-17 的执行结果如图 3-13 所示。

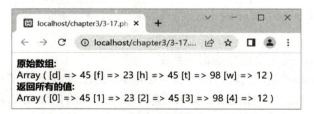

图 3-13　获取数组中的所有值

3. in_array()函数

in_array()函数用来在数组中检索是否存在指定的值，并返回一个布尔值。其语法格式如下。

```
bool in_array (mixed value, array arr [, bool strict])
```

说明：
- 第 1 个参数 value，指定要进行检索的值。
- 第 2 个参数 arr，用于指定要检索的数组。
- 第 3 个参数 strict 是可选项，需要配合 value 参数进行使用。如果设置为 true，则表示严格模式，需要区分数据类型；如果设置为 false，则不需要区分数据类型。默认值为 false。

【示例 3-18】 查找某个值在数组中是否存在。

```
<?php
    $arr = ['d'=>45, 'f'=>23, 'h'=>'60', 't'=>98, 'w'=>12];
    echo "<strong>原始数组: </strong><br>";
    print_r($arr);
    echo "<br><strong>查找值 45 是否存在: </strong>";
    var_dump(in_array(45, $arr));
    echo "<br><strong>查找值 60 是否存在: </strong>";
    var_dump(in_array(60, $arr));
    echo "<br><strong>查找值 60 是否存在（严格模式）: </strong>";
    var_dump(in_array(60, $arr, true));
```

示例 3-18 的执行结果如图 3-14 所示。

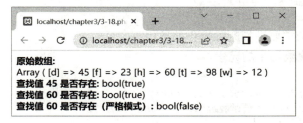

图 3-14　查找某个值在数组中是否存在

4．array_key_exists()函数

array_key_exists()函数用来在数组中检索是否存在指定的键，并返回一个布尔值。其语法格式如下。

```
bool array_key_exists (mixed key, array arr)
```

说明：
- 第 1 个参数 key，指定要进行检索的键。
- 第 2 个参数 arr，用于指定要检索的数组。

【示例 3-19】 查找某个键在数组中是否存在。

```
<?php
    $arr = ['d'=>45, 'f'=>23, 'h'=>'60', 't'=>98, 'w'=>12];
    echo "<strong>原始数组: </strong><br>";
    print_r($arr);
    echo "<br><strong>查找键 a 是否存在: </strong>";
    var_dump(array_key_exists('a', $arr));
    echo "<br><strong>查找键 h 是否存在: </strong>";
    var_dump(array_key_exists('h', $arr));
```

示例 3-19 的执行结果如图 3-15 所示。

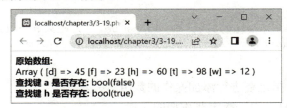

图 3-15　查找某个键在数组中是否存在

3.2.3 数组元素的增删操作

在 PHP 中，使用 array_pop()、array_shift()、array_push()、array_unshift()、array_unique()和 array_splice()等函数，可以用来对数组中的元素进行相应的增加和删除操作。

3.2.3

1. array_pop()、array_shift()函数

array_pop()、array_shift()函数都是用来删除数组中的一个元素，并返回所删除元素的值。其中，array_pop()函数删除的是最后一个元素，而 array_shift()函数删除的是第一个元素。其语法格式如下。

```
mixed array_pop (array arr)
mixed array_shift (array arr)
```

说明：参数 arr，指定要进行删除操作的数组。

【**示例 3-20**】 删除数组中的元素。

```php
<?php
    $arr = [33, 44, 55, 66, 77];
    echo "<strong>原始数组：</strong><br>";
    print_r($arr);
    $result = array_pop($arr);
    echo "<br><strong>删除最后一个元素 {$result} 后的数组为：</strong><br>";
    print_r($arr);
    $result = array_shift($arr);
    echo "<br><strong>删除第一个元素 {$result} 后的数组为：</strong><br>";
    print_r($arr);
```

示例 3-20 的执行结果如图 3-16 所示。

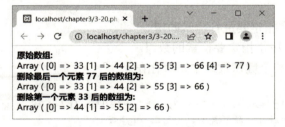

图 3-16　删除数组中的元素

2. array_push()、array_unshift()函数

array_push()、array_unshift()函数都是用来添加一个或多个元素到数组中，并返回新数组的元素个数。其中，array_push()函数添加元素到数组末尾，而 array_unshift()函数添加元素到数组头部。其语法格式如下。

```
int array_push (array arr, mixed value1 [, mixed value2, ... ])
mixed array_unshift (array arr, mixed value1 [, mixed value2, ... ])
```

说明：
- 第 1 个参数 arr，指定要进行添加操作的数组。
- 第 2 个参数 value1，用于指定要添加的元素。
- 第 3 个参数 value2 是可选项，用于指定可以添加多个元素。

【示例3-21】 添加元素到数组中。

```php
<?php
    $arr = [33, 44, 55, 66, 77];
    echo "<strong>原始数组: </strong><br>";
    print_r($arr);
    $count = array_push($arr, 88);
    echo "<br><strong>末尾添加一个元素后的长度为 {$count}, 数组为: </strong><br>";
    print_r($arr);
    $count = array_unshift($arr, 11, 22);
    echo "<br><strong>头部添加两个元素后的长度为 {$count}, 数组为: </strong><br>";
    print_r($arr);
```

示例3-21的执行结果如图3-17所示。

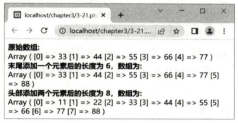

图3-17 添加元素到数组中

3. array_unique()函数

array_unique()函数用来删除数组中重复的值,如果两个或更多个数组值相同,只保留第一个值。其返回值为一个删除重复值后的数组。其语法格式如下。

```
array array_unique (array arr [, int sortingtype])
```

说明:
- 第1个参数arr,指定要进行操作的数组。
- 第2个参数sortingtype是可选项,用于指定排序时的比较方式,其常用取值见表3-3。

【示例3-22】 删除数组中重复的值。

```php
<?php
    $arr = [45, 23, 45, 98];
    echo "<strong>原始数组: </strong><br>";
    print_r($arr);
    echo "<br><strong>删除重复值后的数组为: </strong><br>";
    $newArr = array_unique($arr);
    print_r($newArr);
```

示例3-22的执行结果如图3-18所示。

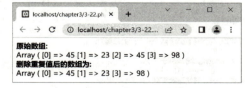

图3-18 删除数组中重复的值

4. array_splice()函数

array_splice()函数主要有两个功能:一个是用来删除数组中的指定元素,另一个是用来在数组中的指定位置插入新的元素，并返回一个由所删除元素组成的数组。其语法格式如下。

```
array array_splice (array arr, int start [, int length [, array replace_array]])
```

说明：
- 第 1 个参数 arr，指定要进行操作的数组。
- 第 2 个参数 start，指定删除元素的起始位置。如果该参数为 0 或正数，则表示从第 start 位置开始删除（数组中第一个元素的位置为 0）；如果该参数为负数，则表示从倒数第 start 位置开始删除（数组中最后一个元素的位置为-1）。
- 第 3 个参数 length 是可选项，指定删除的长度。如果该参数为正数，则表示删除数组中从 start 位置开始的 length 数量的元素；如果该参数为负数，则表示删除数组中从 start 位置开始到末端倒数 length 为止的所有元素；如果该参数为 0，则表示不删除数组中的任何元素；如果省略，则表示从 start 位置开始的所有元素将被删除。
- 第 4 个参数 replace_array 是可选项，指定被删除的元素将会被该数组中的元素代替。如果只是插入一个元素，可以使用数组，也可以直接设置为具体的值；如果省略，则表示不插入元素。

【示例 3-23】 删除数组中的指定元素。

```php
<?php
    $arr = ['a', 'b', 'c', 'd', 'e'];
    echo "<strong>原始数组：</strong><br>";
    print_r($arr);
    echo "<br><strong>从第 2 个元素开始删除两个元素后的数组为：</strong><br>";
    $arr1 = $arr;
    $newArr = array_splice($arr1, 1, 2);
    print_r($arr1);
    echo "<br><strong>以上操作所删除的数组元素为：</strong><br>";
    print_r($newArr);
    echo "<br><strong>从第 3 个元素开始删除所有元素后的数组为：</strong><br>";
    $arr1 = $arr;
    array_splice($arr1, 2);
    print_r($arr1);
    echo "<br><strong>从倒数第 2 个元素开始删除所有元素后的数组为：</strong><br>";
    $arr1 = $arr;
    array_splice($arr1, -2);
    print_r($arr1);
```

示例 3-23 的执行结果如图 3-19 所示。

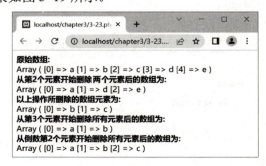

图 3-19 删除数组中的指定元素

【示例 3-24】 插入元素到数组中的指定位置。

```php
<?php
    $arr = ['a', 'b', 'c', 'd', 'e'];
    echo "<strong>原始数组: </strong><br>";
    print_r($arr);
    echo "<br><strong>在第 2 个元素处插入 1 个元素后的数组: </strong><br>";
    $arr1 = $arr;
    array_splice($arr1, 1, 0, 'x');
    print_r($arr1);
    echo "<br><strong>从第 2 个元素开始替换 3 个元素后的数组: </strong><br>";
    $arr1 = $arr;
    array_splice($arr1, 1, 3, ['x1', 'x2', 'x3']);
    print_r($arr1);
```

示例 3-24 的执行结果如图 3-20 所示。

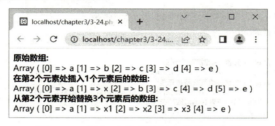

图 3-20 插入元素到数组中的指定位置

3.2.4 数组元素的截取操作

在 PHP 中，使用 array_slice()和 array_rand()函数，可以对数组中的元素进行相应的截取和随机抽取操作。

1．array_slice()函数

array_slice()函数用来截取数组中的指定元素，并返回一个新数组。其语法格式如下。

```
array array_slice (array arr, int start [, int length [, bool preserve]])
```

说明：
- 第 1 个参数 arr，指定要进行截取的数组。
- 第 2 个参数 start，指定截取元素的起始位置。如果该参数为 0 或正数，则表示从第 start 位置开始截取（数组中第一个元素的位置为 0）；如果该参数为负数，则表示从倒数第 start 位置开始截取（数组中最后一个元素的位置为-1）。
- 第 3 个参数 length 是可选项，指定截取的长度。如果该参数为正数，则表示截取数组中从 start 位置开始的 length 数量的元素；如果该参数为负数，则表示截取数组中从 start 位置开始到末端倒数 length 为止的所有元素；如果该参数为 0，则表示截取出一个空数组；如果省略，则表示从 start 位置开始的所有元素将被截取。
- 第 4 个参数 preserve 是可选项，用于指定是否保留原始数组的键名。如果设置为 true，则表示保留原有的键名。默认值为 false，表示截取的新数组使用新的数字索引。

【示例 3-25】 截取数组中的元素。

```php
<?php
```

```php
$arr = ['a', 'b', 'c', 'd', 'e', 'f', 'g', 'h'];
echo "<strong>原始数组: </strong><br>";
print_r($arr);
echo "<br><strong>从第2个元素开始截取3个元素: </strong><br>";
$newArr = array_slice($arr, 1, 3);
print_r($newArr);
echo "<br><strong>从第3个元素开始截取所有元素: </strong><br>";
$newArr = array_slice($arr, 2);
print_r($newArr);
echo "<br><strong>从倒数第3个元素开始截取所有元素: </strong><br>";
$newArr = array_slice($arr, -3);
print_r($newArr);
```

示例 3-25 的执行结果如图 3-21 所示。

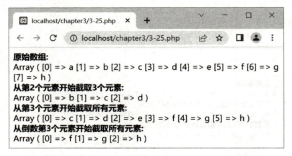

图 3-21　截取数组中的元素

2. array_rand()函数

array_rand()函数用来从数组中随机抽取一个或多个元素，并返回一个包含随机键名的数组。其语法格式如下。

```
array array_rand (array arr [, int number])
```

说明：
- 第 1 个参数 arr，指定要进行操作的数组。
- 第 2 个参数 number 是可选项，指定要随机抽取的元素个数。如果省略，默认值为 1。如果为 1，则返回抽取元素的键名。

【示例 3-26】　随机抽取数组中的元素。

```php
<?php
$arr = ['a', 'b', 'c', 'd', 'e', 'f', 'g', 'h'];
echo "<strong>原始数组: </strong><br>";
print_r($arr);
echo "<br><strong>随机抽取1个元素: </strong><br>";
$randkey = array_rand($arr);
echo $arr[$randkey];
echo "<br><strong>随机抽取3个元素: </strong><br>";
$randkeys = array_rand($arr, 3);
$randArr = [];
foreach($randkeys as $x){
    $randArr[] = $arr[$x];
}
print_r($randArr);
```

示例 3-26 的执行结果如图 3-22 所示。

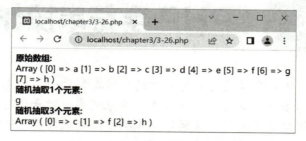

图 3-22　随机抽取数组中的元素

3.3　习题

1. 创建一个长度为 10 的一维数组，然后把该数组中的第 1 个元素与第 10 个元素对调，把该数组中的第 2 个元素与第 9 个元素对调，以此类推。最后输出调换前后的数组。

2. 创建一个长度为 3×5、由两位正整数组成的二维数组，以矩阵形式进行输出，同时输出其转置矩阵。

3. 创建一个长度为 5×5、由两位正整数组成的二维数组，以矩阵形式进行输出，同时输出其两条对角线的元素之和。

4. 创建一个二维数组，其元素为商品表中的数据（见表 3-4），然后再把该数组输出为一个数据表格的形式。

表 3-4　商品表

商品编号	商品名称	商品种类名称	单价/元	库 存 量
P01001	洗发水	日用品	20	450 瓶
P01002	沐浴露	日用品	17.9	321 瓶
P02001	食盐	调料	2.5	215 袋
P02002	味精	调料	9.7	363 袋
P03001	雪碧	饮料	2.2	862 瓶
P03002	冰红茶	饮料	2.8	659 瓶

5. 创建一个包含"PHP""MySQL""C""Java""JavaScript"元素的数组 a，并请完成以下操作：

（1）在数组 a 的头部添加一个元素"Python"，然后输出数组 a。

（2）在数组 a 的尾部添加两个元素"HTML5"和"PHP"，然后输出数组 a。

（3）在数组 a 中的第 3 个位置处插入元素"Node.js"，然后输出数组 a。

（4）把数组 a 中的重复元素删除，然后输出数组 a。

（5）删除数组 a 中的第一个元素，然后输出数组 a，以及所删除的元素。

（6）删除数组 a 中的最后一个元素，然后输出数组 a，以及所删除的元素。

（7）截取数组 a 中第 3～5 个元素，然后输出所截取的数组元素。

（8）删除数组 a 中第 2～5 个元素，然后输出数组 a。

第 4 章　PHP 字符串操作函数

在 Web 开发中，字符串是使用最为频繁的数据类型之一。信息的分类、解析、存储和显示，以及网络中的数据传输都需要操作字符串来完成。对于这些字符串的处理工作，除了可以使用 PHP 提供的大量预定义的字符串操作函数来实现，还可以使用正则表达式结合相应的正则表达式函数来实现。本章学习要点如下。

- 字符串的去除
- 字符串的比较
- 字符串的连接
- 字符串的检索
- 字符串的截取
- 字符串的替换
- 字符串的分割
- 正则表达式的语法规则
- 正则表达式函数

4.1 常用字符串操作函数

4.1（1）

4.1（2）

字符串操作是编程中极为常用的操作，例如，字符串的格式化、字符串的分割和连接、字符串的比较，以及字符串的查找、匹配和替换等。PHP 中提供了大量实用的函数，可以帮助用户完成许多复杂的字符串处理工作。

PHP 中常用字符串操作函数及其功能见表 4-1。

表 4-1　PHP 中常用字符串操作函数及其功能

序号	函数名	功能
1	chr()	从指定的 ASCII 值返回字符
2	ord()	返回字符串中第一个字符的 ASCII 值
3	strlen()	返回字符串的长度
4	ltrim()	移除字符串左侧的空白字符或其他字符
5	rtrim()	移除字符串右侧的空白字符或其他字符
6	trim()	移除字符串两侧的空白字符和其他字符
7	chop()	删除字符串右侧的空白字符或其他字符
8	echo()	输出一个或多个字符串，多个字符串之间使用逗号隔开
9	print()	输出一个字符串
10	printf()	输出格式化的字符串
11	sprintf()	把格式化的字符串写入变量中
12	number_format()	以千位分组来格式化数值
13	md5()	用 MD5 算法对字符串进行加密
14	md5_file()	用 MD5 算法对文件进行加密
15	crypt()	返回使用 DES、Blowfish 或 MD5 算法加密的字符串

(续)

序号	函数名	功能
16	strtolower()	把字符串转换为小写
17	strtoupper()	把字符串转换为大写字母
18	lcfirst()	把字符串的首字符转换为小写
19	ucfirst()	把字符串的首字符转换为大写
20	ucwords()	把字符串中每个单词的首字符转换为大写
21	str_shuffle()	随机地打乱字符串中的所有字符
22	str_word_count()	计算字符串中的单词数
23	strcmp()	比较两个字符串（区分大小写）
24	strcasecmp()	比较两个字符串（不区分大小写）
25	str_pad()	对字符串进行填补
26	str_repeat()	把字符串重复指定的次数
27	implode()	把数组元素合并成一个字符串
28	join()	implode()函数的别名
29	parse_str()	把查询字符串解析到变量中
30	strstr()	查找一个子串在一个字符串中第一次出现的位置，并返回从该位置开始的字符串（区分大小写）
31	strchr()	strstr()函数的别名
32	stristr()	查找一个子串在一个字符串中第一次出现的位置，并返回从该位置开始的字符串（不区分大小写）
33	strrchr()	查找一个子串在一个字符串中最后一次出现的位置，并返回从该位置开始的字符串（区分大小写）
34	strpos()	查找一个子串在一个字符串中第一次出现的位置（区分大小写）
35	stripos()	查找一个子串在一个字符串中第一次出现的位置（不区分大小写）
36	strrpos()	查找一个子串在一个字符串中最后一次出现的位置（区分大小写）
37	strripos()	查找一个子串在一个字符串中最后一次出现的位置（不区分大小写）
38	substr()	返回一个字符串中从指定位置开始指定长度的子串
39	substr_count()	计算子串在字符串中出现的次数
40	substr_replace()	把字符串的一部分替换为另一个字符串
41	str_replace()	替换字符串中的一些字符（区分大小写）
42	str_ireplace()	替换字符串中的一些字符（不区分大小写）
43	strrev()	反转字符串
44	explode()	以指定的字符或者字符串为分隔符，把字符串分割到数组中
45	str_split()	以指定的长度为单位，把字符串分割到数组中
46	nl2br()	把换行符\n 转换成 HTML 的换行符
47	htmlspecialchars()	把一些预定义的字符转换为 HTML 实体
48	htmlspecialchars_decode()	把一些预定义的 HTML 实体转换为字符

4.1.1 字符串长度的获取

获取字符串长度使用 strlen()和 mb_strlen()函数。其中，strlen()函数返回的是所占字节数；mb_strlen()函数返回的是字符个数。其语法格式如下。

```
int strlen ( string str )
```

```
int mb_strlen ( string str )
```

说明：
- 参数 str，指定被处理的目标字符串。
- 对于 strlen()函数返回的字符串长度，一个 GB2312 编码的汉字占两字节，而一个 UTF-8 编码的汉字占 3 字节。

【示例 4-1】 获取字符串的长度。

```
<?php
    $s1 = 'PHP+MySQL';
    $s2 = '欢迎学习PHP';
    echo "s1 = '$s1' <br>";
    echo "s2 = '$s2' <hr>";
    echo "strlen(s1) = ".strlen($s1)."<br>";
    echo "strlen(s2) = ".strlen($s2)."<br>";
    echo "mb_strlen(s2) = ".mb_strlen($s2);
```

示例 4-1 的执行结果如图 4-1 所示。

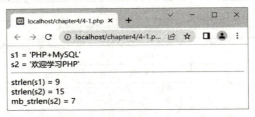

图 4-1　获取字符串的长度

4.1.2　字符串的去除

字符串的去除使用 trim()、ltrim()和 rtrim()函数，这三个函数都是用来去除字符串中的空格或者其他预定义字符。其语法格式如下。

```
string trim (string str [, string charlist] )
string ltrim (string str [, string charlist] )
string rtrim (string str [, string charlist] )
```

说明：
- trim()函数用于去除字符串两端的空格或者其他预定义字符；ltrim()函数用于去除字符串左侧的空格或者其他预定义字符；rtrim()函数用于去除字符串右侧的空格或者其他预定义字符。
- 第 1 个参数 str，指定被处理的目标字符串。
- 第 2 个参数 charlist 是可选项，用于指定希望去除的特殊符号。该参数还可以使用 ".." 符号指定需要去除的一个范围，例如 "0..9" 或 "a..z" 表示去掉数字和小写字符。如果省略，则默认去掉下列字符：" "（空格）、"\0"（NULL）、"\t"（制表符）、"\n"（换行）、"\r"（回车）。

【示例 4-2】 去除字符串的首位空格等。

```
<?php
$s1 = '   PHP+MySQL   ';
$s2 = '欢迎学习PHP';
echo "s1 = '$s1' <br>";
```

```
echo "s2 = '$s2' <hr>";
echo "trim(s1) = '".trim($s1)."'<br>";
echo "ltrim(s1) = '".ltrim($s1)."'<br>";
echo "rtrim(s1) = '".rtrim($s1)."'<br>";
echo "rtrim(s2, 'A..Z') = '".rtrim($s2, 'A..Z')."'";
```

示例 4-2 的执行结果如图 4-2 所示。

图 4-2　去除字符串的首位空格等

4.1.3　字符串的大小写转换

字符串的大小写转换使用 strtolower()、strtoupper()、ucfirst()和 ucwords()函数，这四个函数都是用来对字符串进行大小写转换。其语法格式如下。

```
string strtolower ( string str )
string strtoupper ( string str )
string ucfirst ( string str )
string ucwords ( string str )
```

说明：

- strtolower()函数用于把指定的字符串全部转换成小写；strtoupper()函数用于把指定的字符串全部转换成大写；ucfirst()函数用于把指定的字符串中的首字母转换成大写，其余字符不变；ucwords()函数用于把指定的字符串中全部以空格分隔的单词首字母转换成大写，其余字符不变。
- 参数 str，指定要进行转换的目标字符串。

【示例 4-3】　对字符串进行大小写的转换。

```
<?php
    $s = 'welcome to study PHP';
    echo "s = '$s' <hr>";
    echo "strtolower(s) = '".strtolower($s)."'<br>";
    echo "strtoupper(s) = '".strtoupper($s)."'<br>";
    echo "ucfirst(s) = '".ucfirst($s)."'<br>";
    echo "ucwords(s) = '".ucwords($s)."'";
```

示例 4-3 的执行结果如图 4-3 所示。

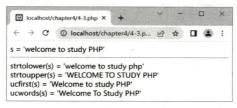

图 4-3　对字符串进行大小写的转换

4.1.4 字符串的比较

字符串的比较使用 strcmp()和 strcasecmp()函数，这两个函数都是用来对字符串进行比较。其语法格式如下。

```
int strcmp ( string str1, string str2 )
int strcasecmp ( string str1, string str2 )
```

说明：
- strcmp()函数在比较时区分字母大小写；strcasecmp()函数在比较时不区分字母大小写。
- 参数 str1 和 str2，指定要进行比较的两个字符串。如果 str1 与 str2 相等，则返回值为 0；如果 str1 大于 str2，则返回值为 1；如果 str1 小于 str2，则返回值为-1。

【示例 4-4】 比较字符串是否相等。

```php
<?php
    $s1 = 'PHP+MySQL';
    $s2 = 'php+mysql';
    echo "s1 = '$s1' <br>";
    echo "s2 = '$s2' <hr>";
    echo "strcmp(s1, s2) = ".strcmp($s1, $s2)."<br>";
    echo "strcasecmp(s1, s2) = ".strcasecmp($s1, $s2);
```

示例 4-4 的执行结果如图 4-4 所示。

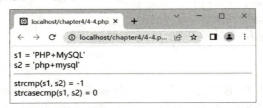

图 4-4　比较字符串是否相等

4.1.5 字符串的连接

字符串的连接使用 implode()函数，该函数用来把数组中的元素合并成一个字符串。其语法格式如下。

```
string implode ( [string glue,] array arr )
```

说明：
- 第 1 个参数 glue 是可选项，用于指定连接数组元素的字符，如果省略，则默认为数组元素之间无连接字符。
- 第 2 个参数 arr，指定被处理的目标字符串数组。

【示例 4-5】 把数组中的元素连接成一个字符串。

```php
<?php
    echo "<pre>";
    $arr = array('Apache', 'PHP','MySQL');
    echo "arr = ";
    print_r($arr);
    echo "<hr>";
```

```
        echo "implode(arr) = '".implode($arr)."'<br>";
        echo "implode('+', arr) = '".implode('+', $arr)."'";
```

示例 4-5 的执行结果如图 4-5 所示。

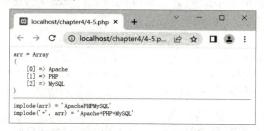

图 4-5　把数组中的元素连接成一个字符串

4.1.6　字符串的检索

字符串的检索使用 strstr()和 stristr()函数，这两个函数都是用来查找一个子串在一个字符串中第一次出现的位置，并返回从该位置开始的字符串，如果没有找到则返回 false。其语法格式如下。

```
string strstr ( string str, string substr [, bool search] )
string stristr ( string str, string substr [, bool search] )
```

说明：

- strstr()函数在查找时区分字母大小写；stristr()函数在查找时不区分字母大小写。
- 第 1 个参数 str，指定被处理的目标字符串。
- 第 2 个参数 substr，指定要查找的子串。
- 第 3 个参数 search 是可选项，默认值为 false。如果指定为 true，则返回子串第一次出现之前的字符串部分。

【示例 4-6】获取字符串中从子串开始的字符串。

```
<?php
    $s1 = 'You love PHP, I love PHP too!';
    $s2 = 'PHP';
    $s3 = 'php';
    echo "s1 = '$s1' <br>";
    echo "s2 = '$s2' <br>";
    echo "s3 = '$s3' <hr>";
    echo "strstr(s1, s2) = '".strstr($s1, $s2)."'<br>";
    echo "strstr(s1, s3) = '".strstr($s1, $s3)."'<br>";
    echo "stristr(s1, s3) = '".stristr($s1, $s3)."'";
```

示例 4-6 的执行结果如图 4-6 所示。

图 4-6　获取字符串中从子串开始的字符串

字符串的检索也可以使用 strpos()、stripos()、strrpos()和 strripos()函数，其中，strpos()和 stripos()函数是用来查找一个子串在一个字符串中第一次出现的位置；strrpos()和 strripos()函数是用来查找一个子串在一个字符串中最后一次出现的位置；如果没有找到则返回 false。其语法格式如下。

```
int strpos ( string str, string substr [, int start] )
int stripos ( string str, string substr [, int start] )
int strrpos ( string str, string substr [, int start] )
int strripos ( string str, string substr [, int start] )
```

说明：
- strpos()和 strrpos()函数在查找时区分字母大小写；stripos()和 strripos()函数在查找时不区分字母大小写。
- 第 1 个参数 str，指定被处理的目标字符串。
- 第 2 个参数 substr，指定要查找的子串。
- 第 3 个参数 start 是可选项，指定从何处开始搜索。如果省略，则表示从第 1 个字符处开始搜索（字符串位置从 0 开始，即字符串中第 1 个字符的位置为 0）。

【示例 4-7】 获取子串在字符串中的位置。

```php
<?php
    $s1 = 'Welcome to study PHP, I love PHP!';
    $s2 = 'PHP';
    $s3 = 'php';
    echo "s1 = '$s1' <br>";
    echo "s2 = '$s2' <br>";
    echo "s3 = '$s3' <hr>";
    echo "strpos(s1, s2) = ".strpos($s1, $s2)."<br>";
    echo "strpos(s1, s3) = ".strpos($s1, $s3)."<br>";
    echo "strrpos(s1, s2) = ".strrpos($s1, $s2)."<br>";
    echo "stripos(s1, s3) = ".stripos($s1, $s3)."<br>";
    echo "strripos(s1, s3) = ".strripos($s1, $s3);
```

示例 4-7 的执行结果如图 4-7 所示。

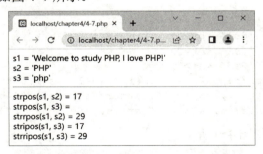

图 4-7　获取子串在字符串中的位置

4.1.7　字符串的截取

字符串的截取使用 substr()和 mb_substr()函数。这两个函数都是用来返回一个字符串中从指定位置开始指定长度的子串。其中，substr()函数根据字节数进行处理，常用来截取英文字符串；mb_substr()函数根据字符数进行处理，常用来截取中文字符串。其语法格式如下。

```
string substr ( string str, int start [, int length] )
string mb_substr ( string str, int start [, int length] )
```

说明：
- 第 1 个参数 str，指定被处理的目标字符串。
- 第 2 个参数 start，指定截取的起始位置。如果该参数为 0 或正数，则表示从第 start 位置开始截取（字符串中第一个字符的位置为 0）；如果该参数为负数，则表示从倒数第 start 位置开始截取（字符串中最后一个字符的位置为-1）。
- 第 3 个参数 length 是可选项，指定截取的长度。如果该参数为正数，则表示截取字符串中从 start 位置开始的 length 数量的字符；如果该参数为负数，则表示截取字符串中从 start 位置开始到末端倒数 length 为止的所有字符；如果省略，则表示从 start 位置开始的所有字符将被截取。

【示例 4-8】 截取字符串。

```
<?php
    $s1 = 'welcome to study PHP';
    $s2 = 'PHP 程序设计';
    echo "s1 = '$s1' <br>";
    echo "s2 = '$s2' <hr>";
    echo "substr(s1, 11) = '".substr($s1, 11)."'<br>";
    echo "substr(s1, 11, 5) = '".substr($s1, 11, 5)."'<br>";
    echo "substr(s1, -9, 5) = '".substr($s1, -9, 5)."'<br>";
    echo "substr(s1, 11, -4) = '".substr($s1, 11, -4)."'";
    echo "substr(s1, 11) = '".substr($s1, 11)."'<br>";
    echo "mb_substr(s1, 11, 5) = '".mb_substr($s1, 11, 5)."'<br>";
    echo "mb_substr(s2, 4, 2) = '".mb_substr($s2, 4, 2)."'";
```

示例 4-8 的执行结果如图 4-8 所示。

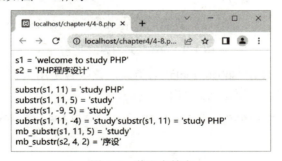

图 4-8　截取字符串

4.1.8　字符串的替换

字符串的替换使用 str_replace()和 str_ireplace()函数，这两个函数都是用来把一个字符串中指定内容的子串全部替换为另外一个子串。其语法格式如下。

```
mixed str_replace ( mixed search, mixed replace, mixed subject [, int &count] )
mixed str_ireplace ( mixed search, mixed replace, mixed subject [, int &count] )
```

说明：
- str_replace()函数在查找时区分字母大小写；str_ireplace()函数在查找时不区分字母大小写。

- 第 1 个参数 search，指定被替换的子串，或者是一个数组。
- 第 2 个参数 replace，指定用来替换的子串，或者是一个数组。
- 第 3 个参数 subject，指定被处理的目标字符串，或者是一个数组。
- 第 4 个参数 count 是可选项，是一个变量的引用，用来保存替换的次数。

【示例 4-9】 替换指定内容的子串。

```php
<?php
$s1 = 'welcome to study PHP, I love PHP!';
$s2 = 'PHP';
$s3 = 'php';
$s4 = 'PHP+MySQL';
echo "s1 = '$s1' <br>";
echo "s2 = '$s2' <br>";
echo "s3 = '$s3' <br>";
echo "s4 = '$s4' <hr>";
echo "str_replace(s2, s4, s1, \$i) = '".str_replace($s2, $s4, $s1, $i)."'<br>";
echo "一共被替换了{$i}次。<br><br>";
echo "str_replace(s3, s4, s1) = '".str_replace($s3, $s4, $s1)."'<br>";
echo "str_ireplace(s3, s4, s1) = '".str_ireplace($s3, $s4, $s1)."'";
```

示例 4-9 的执行结果如图 4-9 所示。

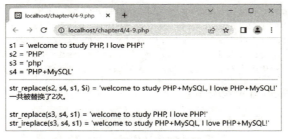

图 4-9 替换指定内容的子串

字符串的替换也可以使用 substr_replace()函数，该函数是用来把一个字符串中指定位置的子串替换为另外一个子串。其语法格式如下。

```
mixed substr_replace ( mixed subject, string replace, int start [, int length] )
```

说明：
- 第 1 个参数 subject，指定被处理的目标字符串。
- 第 2 个参数 replace，指定用来替换的子串。
- 第 3 个参数 start，指定替换的起始位置。如果该参数为 0 或正数，则表示从第 start 位置开始替换（字符串中第一个字符的位置为 0）；如果该参数为负数，则表示从倒数第 start 位置开始替换（字符串中最后一个字符的位置为-1）。
- 第 4 个参数 length 是可选项，指定替换的长度。如果该参数为正数，则表示替换字符串中从 start 位置开始的 length 数量的字符；如果该参数为负数，则表示替换字符串中从 start 位置开始到末端倒数 length 为止的所有字符；如果该参数为 0，则表示将替换的子串插入到字符串中的 start 位置；如果省略，则表示从 start 位置开始的所有字符将被替换。

【示例 4-10】 替换指定位置的子串。

```
<?php
    $s1 = '13912345678';
    $s2 = '****';
    echo "s1 = '$s1' <br>";
    echo "s2 = '$s2' <hr>";
    echo "substr_replace(s1, s2, 3, 4) = '".substr_replace($s1, $s2, 3, 4)."'<br>";
    echo "substr_replace(s1, s2, -4) = '".substr_replace($s1, $s2, -4)."'<br>";
    echo "substr_replace(s1, s2, 3, 0) = '".substr_replace($s1, $s2, 3, 0)."'";
```

示例 4-10 的执行结果如图 4-10 所示。

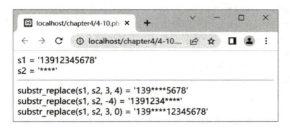

图 4-10　替换指定位置的子串

4.1.9　字符串的分割

字符串的分割使用 explode()函数，该函数用来将一个字符串按照某个指定的字符分割成多段，并将每段按顺序保存到一个数组中进行返回。其语法格式如下。

array explode (string separator, string str [, int limit])

说明：
- 第 1 个参数 separator，指定一个分割字符或者字符串。
- 第 2 个参数 str，指定被处理的目标字符串。
- 第 3 个参数 limit 是可选项，指定最多将字符串分割为多少个子串。如果省略，则表示不限制。

【示例 4-11】 根据分隔符分割字符串。

```
<?php
    echo "<pre>";
    $s = 'Apache;PHP;MySQL;Java;C;C++';
    echo "s = '$s' <hr>";
    $arr1 = explode(';', $s);
    echo "explode(';', s) = ";
    print_r($arr1);
    echo '<br>';
    $arr2 = explode(';', $s, 4);
    echo "explode(';', s, 4) = ";
    print_r($arr2);
```

示例 4-11 的执行结果如图 4-11 所示。
字符串的分割也可以使用 str_split()函数，该函数用来将一个字符串以指定的长度为单位分割成多段，并返回由每一段组成的数组。其语法格式如下。

```
array str_split ( string str [, int split_length] )
```

说明：
- 第 1 个参数 str，指定被处理的目标字符串。
- 第 2 个参数 split_length 是可选项，指定分割的单位长度，默认为 1。

【示例 4-12】 根据长度分割字符串。

```
<?php
    echo "<pre>";
    $s = 'PHP+MySQL';
    echo "s = '$s' <hr>";
    $arr1 = str_split($s, 3);
    echo "str_split(s, 3) = ";
    print_r($arr1);
    echo '<br>';
    $arr2 = str_split($s);
    echo "str_split(s) = ";
    print_r($arr2);
```

示例 4-12 的执行结果如图 4-12 所示。

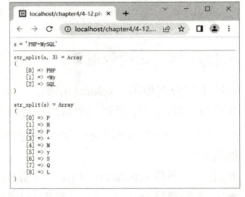

图 4-11　根据分隔符分割字符串　　　　图 4-12　根据长度分割字符串

说明：PHP 中提供的字符串操作函数处理字符串，大部分都不是在原字符串上做修改，而是返回一个格式化后的新字符串。字符串操作函数在编程中使用极为频繁，应当熟练掌握，多多积累。本书介绍的都是字符串操作函数中最为常用的部分，另外还有大量函数限于篇幅不再一一介绍，可参考 PHP 官方手册，自行学习和掌握其他字符串操作函数的使用方法。

4.2　正则表达式

正则表达式也称为模式表达式，它自身具有一套非常完整的可以编写模式的语法体系，提供了一种灵活且直观的字符串处理方法。

正则表达式通过构建具有特定规则的模式，与输入的字符串信息进行比较，在特定的函数中使用，从而实现字符串的匹配、查找、替换，以及分割等操作。

4.2.1 正则表达式的语法规则

正则表达式作为一个匹配的模板,是由普通字符(即自身具有语义的普通文本,例如数字、字母等)、元字符(即具有特殊含义的字符,例如*、?、+等)和模式修饰符三部分组成的文本模式。

一般情况下,正则表达式都要放在定界符中,即将模式包含在两个斜杠"/"之间。一个最简单的正则表达式模式中,至少要包含一个普通字符,例如"/a/"。

1. 边界符

正则表达式中的边界符(位置符)用来提示字符所处的位置。
边界符及其说明见表 4-2。

表 4-2 边界符及其说明

序 号	边 界 符	说 明
1	^	匹配行首的文本,即以指定的文本开始
2	$	匹配行尾的文本,即以指定的文本结束
3	\b	匹配单词边界符,即指定文本的左侧或者右侧有空格等分隔符
4	\B	匹配非单词边界符,即指定文本的左侧或者右侧没有空格等分隔符

例如,有一个字符串"this is php",则:

```
/^this/      // 匹配此字符串是否以"this"开始
/php$/       // 匹配此字符串是否以"php"结束
/\bis\b/     // 匹配此字符串是否包含"is",而且"is"两边都有空格等分隔符
/\Bis\b/     // 匹配此字符串是否包含"is",而且"is"左边是没有空格等分隔符,右边有分隔符
```

2. 字符类

字符类就是一个字符列表,如果字符列表中的任何一个字符有匹配,它就会找到该匹配项。

另外,可以使用方括号"[]"实现一个字符集合,只要求匹配其中的一项,所有可供选择的字符都放在"[]"内。在字符类中可以使用连字符"-"定义字符范围。

字符类及其说明见表 4-3。

表 4-3 字符类及其说明

序 号	字 符 类	说 明
1	[mysql]	匹配字符集合中的任意一个字符 m、y、s、q、l
2	[A-Z]	匹配字母 A~Z 范围内的字符
3	[a-z]	匹配字母 a~z 范围内的字符
4	[a-zA-Z0-9]	匹配大小写字母和 0~9 范围内的字符
5	[\u4e00-\u9fa5]	匹配任意一个中文字符,但在 PHP 中要写成[\x{4e00}-\x{9fa5}]的形式
6	[\x00-\xff]	匹配单字节字符

3. 取反符

当方括号"[]"和元字符"^"一起使用时,称为取反符,表示匹配不在指定字符范围内的字符。

取反符及其说明见表 4-4。

表 4-4 取反符及其说明

序 号	取 反 符	说 明
1	[^mysql]	匹配除 m、y、s、q、l 以外的字符
2	[^A-Z]	匹配字母 A~Z 范围外的字符
3	[^0-9]	匹配非数字字符
4	[^\xx00-\xff]	匹配双字节字符,包括汉字

4. 预定义字符类

预定义字符类是指某些常见模式的简写方式,这样可使得正则表达式更简洁、更便于阅读。预定义字符类及其说明见表 4-5。

表 4-5 预定义字符类及其说明

序 号	预定义字符类	说 明
1	.	匹配除 "\n" 外的任何单个字符
2	\d	匹配所有 0~9 之间的任意一个数字,相当于[0-9]
3	\D	匹配所有 0~9 以外的字符,相当于[^0-9]
4	\w	匹配任意的字母、数字和下画线,相当于[a-zA-Z0-9_]
5	\W	匹配除所有字母、数字和下画线以外的字符,相当于[^a-zA-Z0-9_]
6	\s	匹配空格(包括换行符、制表符、空格符等),相当于[\t\r\n\v\f]
7	\S	匹配非空格的字符,相当于[^\t\r\n\v\f]
8	\f	匹配一个换页符
9	\t	匹配一个水平制表符
10	\n	匹配一个换行符
11	\r	匹配一个回车符
12	\v	匹配一个垂直制表符

5. 限定符

限定符用来设置某个模式出现的次数。

限定符及其说明见表 4-6。

表 4-6 限定符及其说明

序 号	限 定 类	说 明
1	*	匹配*前面的字符零次或多次
2	+	匹配+前面的字符一次或多次
3	?	匹配?前面的字符零次或一次
4	{n}	匹配{}前面的字符 n 次
5	{n,}	匹配{}前面的字符最少 n 次
6	{n,m}	匹配{}前面的字符最少 n 次、最多 m 次

例如:

```
/a\s*b/      // 匹配 a 和 b 之间没有空格、有一个或多个空格的情况,例如 ab、a b 等
/a\d+b/      // 匹配 a 和 b 之间有一个或多个数字的情况,例如 a1b、a123b 等
/a\W?b/      // 匹配 a 和 b 之间有零个或一个特殊字符的情况,例如 ab、a#b、a&b 等
/a\d{3}b/    // 匹配 a 和 b 之间必须要有 3 个数字的情况,例如 a111b、a789b 等
/a\d{3,}b/   // 匹配 a 和 b 之间至少要有 3 个数字的情况,例如 a111b、a13579b 等
```

```
/a\d{3,5}b/        // 匹配 a 和 b 之间至少要有 3 个但最多有 5 个数字的情况，例如 a111b、
                   // a2468b、a13579b 等
```

6. 选择符

选择符"|"用来分隔多选一模式，在正则表达式中匹配两个或更多的选择之一。类似于 PHP 运算符中的逻辑或。

7. 转义字符

如果要在正则表达式中包含元字符本身，使其失去特殊字符的含义，则必须在其前面加上字符"\"进行转义。

例如，"\."经过转义后变成"."、"*"经过转义后变成"*"、"\\\\"经过转义后变成"\\"。

8. 括号字符

在正则表达式中，方括号"[]"表示字符集合，匹配括号内的任意字符；花括号"{}"表示限定符，能够完成某个字符连续出现的匹配；圆括号"()"表示优先级，被括起来的内容称为"子表达式"，另外，圆括号"()"也可以用来改变作用范围。

例如：

```
/MySQL | PHP/      // 可以匹配的结果：MySQL、PHP
/My (SQL | PHP)/   // 可以匹配的结果：MySQL、MyPHP
/PHP{2,4}/         // 可以匹配的结果：PHPP、PHPPP、PHPPPP
/(PHP){2,4}/       // 可以匹配的结果：PHPPHP、PHPPHPPHP、PHPPHPPHPPHP
```

9. 模式修饰符

模式修饰符也称为模式修正符，在正则表达式的定界符之外使用，例如"/MySQL/i"，其中"/MySQL/"是一个正则表达式的模式，而"i"就是修饰该模式所使用的符号，用来在匹配时不区分大小写。

模式修饰符主要用来调整正则表达式的解释，扩展正则表达式在匹配、替换等操作时的某些功能，从而增强正则表达式的能力。模式修饰符也可以组合使用，例如"/SQL Server/ix"。

模式修饰符及其说明见表 4-7。

表 4-7 模式修饰符及其说明

序 号	模式修饰符	说 明
1	i	在和模式进行匹配时不区分字母大小写
2	m	实现多行匹配
3	s	模式中的圆点元字符"."匹配所有字符，包括换行符
4	x	模式中的空白忽略不计，触发它已经被转义
5	u	启用了一个 PCRE 中与 Perl 不兼容的额外功能，模式字符串被认为是 UTF-8 格式。因此，UTF-8 格式的匹配模式字符串必须要使用 u 修饰符，否则会出现程序意料之外的异常情况。例如：匹配任意一个中文字符的正则表达式，需要写成：/[\x{4e00}-\x{9fa5}]/u
6	…	…

4.2.2 使用 PCRE 扩展正则表达式函数

正则表达式不能独立使用，它只是一种用来定义字符串的规则模式，必须在相应的正则表达式

函数中应用，才能实现对字符串的匹配、查找、替换及分割等操作。

在 PHP 中有两套正则表达式的函数库，使用与 Perl 语言兼容的正则表达式（Perl Compatible Regular Expression，PCRE）函数库的执行效率要略占优势，所以本教材介绍的是这一类的正则表达式函数。

4.2.2

另外，在处理大量信息时，正则表达式函数会使运行速度大幅减慢，应当只在需要解析比较复杂的字符串时才使用这些函数，对于简单字符串的解析，可以采用可显著加快处理过程的预定义函数。

1．字符串的搜索和匹配

（1）preg_match()函数

preg_match()函数可以按照指定的正则表达式模式，对字符串进行一次搜索和匹配，返回值是匹配次数 0 或 1。如果发生错误，则返回 false。该函数常用于表单验证，其语法格式如下。

```
int preg_match( string pattern, string subject[, array &matches] )
```

说明：
- 第 1 个参数 pattern，指定要搜索的模式，是字符串类型。
- 第 2 个参数 subject，指定被处理的目标字符串。
- 第 3 个参数 matches 是可选项，是一个变量的引用，用来保存匹配到的文本，是数组类型。

【示例 4-13】验证用户名是否匹配指定的正则表达式。（用户名的规则：第 1 个字符为英文字母，其余字符可以为英文字母、数字和下画线；长度为 5～10。）

```php
<?php
// 匹配第1个字符为英文字母，其余字符可以为英文字母、数字和下画线；长度为5～10
$pattern = '/^[a-zA-Z]\w{4,9}$/';
$subject = 'admin_123';
// 按照正则表达式执行一次匹配
$result = preg_match($pattern, $subject);
if ($result == 1){
    echo "用户名'$subject'匹配成功！<br>";
}
else{
    echo "用户名'$subject'匹配失败！<br>";
}
$subject = '123_admin';
// 按照正则表达式执行一次匹配
$result = preg_match($pattern, $subject);
if ($result == 1){
    echo "用户名'$subject'匹配成功！";
}
else{
    echo "用户名'$subject'匹配失败！";
}
```

示例 4-13 的执行结果如图 4-13 所示。

（2）preg_match_all()函数

preg_match_all()函数与 preg_match()函数类似，不同的是 preg_match()函数在第一次匹配之后就会停止搜索，而 preg_match_all()函数则会一直搜索到指定字符串的结尾，可以获取所有匹配到的结果。其语法格式如下。

```
int preg_match_all( string pattern, string subject[, array &matches] )
```

说明：
- 第 1 个参数 pattern，指定要搜索的模式，是字符串类型。
- 第 2 个参数 subject，指定被处理的目标字符串。
- 第 3 个参数 matches 是可选项，是一个变量的引用，用来保存匹配到的文本，是数组类型。

【示例 4-14】 找出字符串中 4 个连续的数字或英文字母。

```php
<?php
    echo "<pre>";
    // 匹配 4 个连续的数字或英文字母
    $pattern = '/\d{4}|[a-z]{4}/i';
    $subject = 'PHP MySQL Apache12345';
    echo $subject."<hr>";
    // 按照正则表达式执行所有匹配
    preg_match_all($pattern, $subject, $matches);
    print_r($matches[0]);
```

示例 4-14 的执行结果如图 4-14 所示。

图 4-13 验证用户名是否匹配指定的正则表达式

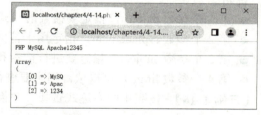

图 4-14 找出字符串中 4 个连续的数字或英文字母

（3）preg_grep()函数

preg_grep()函数用于匹配数组中的元素，返回与正则表达式匹配的数组单元。其语法格式如下。

```
array preg_grep( string pattern, array subject )
```

说明：
- 第 1 个参数 pattern，指定要搜索的模式，是字符串类型。
- 第 2 个参数 subject，指定被处理的目标数组。

【示例 4-15】 获取与正则表达式相匹配的数组元素。

```php
<?php
    echo "<pre>";
    // 匹配以字母开始和以数字结束，且中间没有空格的情况
    $pattern = '/^[a-zA-Z]+(\d|\.)+\d+$/';
    $arr = array('Windows Server2019', 'Apache2.4.39', 'MySQL8.0.11',
'SQL Server2016', 'PHP7.3.6', 'XAMPP');
    print_r($arr);
    echo '<hr>';
    // 按照正则表达式匹配数组中的元素
    $matches = preg_grep($pattern, $arr);
    print_r($matches);
```

示例 4-15 的执行结果如图 4-15 所示。

```
Array
(
    [0] => Windows Server2019
    [1] => Apache2.4.39
    [2] => MySQL8.0.11
    [3] => SQL Server2016
    [4] => PHP7.3.6
    [5] => XAMPP
)
Array
(
    [1] => Apache2.4.39
    [2] => MySQL8.0.11
    [4] => PHP7.3.6
)
```

图 4-15　获取与正则表达式相匹配的数组元素

2．字符串的查找和替换

preg_replace()函数可以执行正则表达式的搜索和替换，是一个最强大的字符串替换处理函数。其语法格式如下。

```
mixed preg_replace( mixed pattern, mixed replacement, mixed subject[, int limit] )
```

说明：
- 第 1 个参数 pattern，指定要搜索的模式，可以是一个字符串或者字符串数组。
- 第 2 个参数 replacement，指定用于替换的字符串或字符串数组。
- 第 3 个参数 subject，指定要进行搜索和替换的字符串或字符串数组。
- 第 4 个参数 limit 是可选项，指定要进行替换的最大次数。如果省略，则表示无限次。

【示例 4-16】　按照正则表达式查找并替换字符串。

```
<?php
    // 日期格式(MM/DD/YYYY)的正则表达式
    $pattern = '/(\d{2})\/(\d{2})\/(\d{4})/';
    $subject = '今年元旦的放假日期为01/01/2021至01/03/2021.';
    echo $subject.'<hr>';
    // 按照正则表达式执行查找、并把查找到的替换为"？"的形式
    $result = preg_replace($pattern, ' ? ', $subject);
    echo $result.'<br>';
    // 按照正则表达式执行查找、并把查找到的替换为"YYYY-MM-DD"的形式
    $result = preg_replace($pattern, '${3}-${1}-${2}', $subject);
    echo $result;
```

示例 4-16 的执行结果如图 4-16 所示。

图 4-16　按照正则表达式查找并替换字符串

3．字符串的分割

preg_split()函数可以按照正则表达式的方法分割字符串，可适用更广泛的分隔符。其语法格式如下。

```
array preg_split( string pattern, string subject[, int limit] )
```
说明：
- 第 1 个参数 pattern，指定要搜索的模式，可以是一个字符串或者字符串数组。
- 第 2 个参数 subject，指定被处理的目标字符串。
- 第 3 个参数 limit 是可选项，指定最多将字符串分割为多少个子串。如果省略，则表示不限制。

【示例 4-17】按照正则表达式对字符串进行分割。

```
<?php
    echo "<pre>";
    // 分割字符串的正则表达式，分隔符包括空格、逗号和分号
    $pattern = '/[\s,;]+/';
    $subject = 'Apache,MySQL,PHP;Linux Windows';
    echo $subject.'<hr>';
    // 按照正则表达式分割字符串
    $result = preg_split($pattern, $subject);
    print_r($result);
```

示例 4-17 的执行结果如图 4-17 所示。

图 4-17　按照正则表达式对字符串进行分割

4.3　习题

1．编写一个函数，用来返回字符串中包含在两个指定符号中的子串。例如，字符串"abc|123|xyz"，指定的符号为"|"，则返回的子串为"123"。

2．编写一个函数，用来返回字符串中的前 n 个字符、再加上省略号（…）的形式。例如，字符串"PHP，是超文本预处理器的缩写。"，n=8，则返回的字符串为"PHP，是超文本…"。

3．编写一个函数，用来返回字符串中的前 n1 与后 n2 个字符，其余字符以指定的符号来表示。例如，字符串"13912345678"，n1=3，n2=4，指定的符号为"*"，则返回的字符串为"139****5678"。

4．编写只能是数字的正则表达式。

5．编写只能是英文字母的正则表达式。

6．编写只能是汉字的正则表达式。

7．使用正则表达式验证身份证号。（身份证号的规则：18 位号码，前 17 位是数字，最后一位可能是数字或者字符 X。）

8．使用正则表达式查找字符串中的汉字，并把它替换为"*"。

第 5 章 PHP 数字和日期/时间操作函数

在开发过程中，如果要进行高精度的数字计算，则需要用到 PHP 中数字操作函数；如果要获取服务器上的日期和时间，以及对日期和时间进行格式化的输出，则需要用到 PHP 中日期/时间操作函数。本章学习要点如下。

- 幂运算函数
- 设置系统时区
- 获取时间戳
- 获取日期/时间信息
- 时间戳与日期/时间的相互转换

5.1 PHP 数字操作函数

数字操作函数用来对 PHP 中的整数和浮点数进行计算和处理。PHP 中常用数字操作函数及其功能见表 5-1。

5.1

表 5-1 PHP 中常用数字操作函数及其功能

序 号	函 数 名	功 能
1	abs()	返回一个数的绝对值
2	rand()	返回随机整数
3	mt_rand()	使用 Mersenne Twister 算法返回随机整数，是更好的随机数生成器
4	round()	对浮点数进行四舍五入
5	ceil()	进一法取整
6	floor()	舍去法取整
7	pow()	返回 x 的 y 次方
8	sqrt()	返回一个数的平方根
9	max()	返回最大值
10	min()	返回最小值
11	log()	返回一个数的自然对数（以 e 为底）
12	log10()	返回一个数的以 10 为底的对数
13	is_finite()	判断是否为有限值
14	is_infinite()	判断是否为无限值
15	is_nan()	判断是否为非数值
16	hypot()	计算直角三角形的斜边长度

(续)

序 号	函 数 名	功 能
17	deg2rad()	将角度值转换为弧度值
18	rad2deg()	把弧度值转换为角度值
19	decbin()	把十进制数转换为二进制数
20	decoct()	把十进制数转换为八进制数
21	dechex()	把十进制数转换为十六进制数
22	bindec()	把二进制数转换为十进制数
23	octdec()	把八进制数转换为十进制数
24	hexdec()	把十六进制数转换为十进制数
25	base_convert()	在任意进制之间转换数值
26	sin()	返回一个数的正弦
27	cos()	返回一个数的余弦
28	tan()	返回一个数的正切
29	asin()	返回一个数的反正弦
30	acos()	返回一个数的反余弦
31	atan()	返回一个数的反正切
32	pi()	返回圆周率 PI 的值
33	exp()	返回 e^x 的值。e 是自然对数的底（其值大约等于 2.718282），x 是指数

【示例 5-1】随机数函数。

```
<?php
    //输出 1～10 范围内的随机整数
    echo "rand(1, 10) = ".rand(1, 10)."<br>";
    //输出 10～99 范围内的随机整数
    echo "mt_rand(10, 99) = ".mt_rand(10, 99);
```

示例 5-1 的执行结果如图 5-1 所示。

图 5-1　随机数函数

【示例 5-2】取整及四舍五入函数。

```
<?php
    $x = 20.2365;
    echo "x = $x <hr>";
    echo "round(x) = ".round($x)."<br>";
    echo "round(x, 2) = ".round($x, 2)."<br>";
    echo "ceil(x) = ".ceil($x)."<br>";
    echo "floor(x) = ".floor($x);
```

示例 5-2 的执行结果如图 5-2 所示。

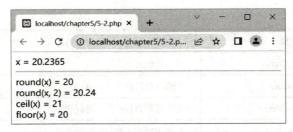

图 5-2 取整及四舍五入函数

【示例 5-3】幂运算函数。

```php
<?php
    $x = 4;
    echo "x = $x <hr>";
    //输出 x 的 3 次方
    echo "pow(x, 3) = ".pow($x, 3)."<br>";
    //输出 x 的平方根
    echo "sqrt(x) = ".sqrt($x);
```

示例 5-3 的执行结果如图 5-3 所示。

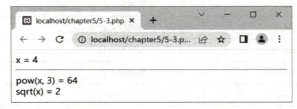

图 5-3 幂运算函数

说明：数字操作函数的使用较为简单，限于篇幅，本书不再一一介绍，可参考 PHP 官方手册，自行学习和掌握其他数字操作函数的使用方法。

5.2 PHP 日期/时间操作函数

日期/时间操作函数用来获取服务器上的日期和时间、以及通过不同的方式格式化日期和时间。PHP 中常用日期/时间函数及其功能见表 5-2。

表 5-2 PHP 中常用日期/时间函数及其功能

序号	函数名	功能
1	time()	返回当前日期/时间的 UNIX 时间戳
2	mktime()	返回一个日期/时间的 UNIX 时间戳
3	strtotime()	将日期/时间转换为 UNIX 时间戳
4	date()	格式化本地日期/时间
5	getdate()	返回日期/时间信息
6	microtime()	返回当前日期/时间的微秒数
7	date_default_timezone_get()	返回默认时区
8	date_default_timezone_set()	设置默认时区

5.2.1 设置系统时区

PHP 默认的时区设置是 UTC 时间，即与格林尼治时间一致。而北京时间位于时区的东八区，比 UTC 时间领先 8 个小时，所以在使用 PHP 中诸如 time()函数等获取当前时间时，得到的时间总是不对，与北京时间总是相差 8 个小时。如果希望正确地显示北京时间，就需要修改默认的时区设置。有以下两种方法可以实现。

1．修改配置文件 php.ini 中的 date.timezone 属性

把该属性的值设置为 PRC、Asia/Shanghai 或 Asia/Chongqing 等中的一个，然后重启 Apache 服务器即可。修改配置文件 php.ini 中的 date.timezone 属性的代码如下。

```
date.timezone = Asia/Shanghai
```

2．使用 date_default_timezone_set()函数设置时区

在输出时间之前，调用该函数，给该函数提供一个时区标识符作为参数，和配置文件中 date.timezone 属性的值相同。date_default_timezone_set()函数的使用方法如下。

```
date_default_timezone_set('Asia/Shanghai');
```

5.2.2 获取时间戳

UNIX 时间戳是保存日期和时间的一个紧凑、简洁的方法，是在大多数计算机语言中表示日期和时间的一种标准格式。UNIX 时间戳是指从 UNIX 纪元（格林尼治时间 1970 年 1 月 1 日 00 时 00 分 00 秒）开始到当前时间为止所经过的秒数，是一个以 32 位整数表示的格林尼治时间。即 UNIX 时间戳是以秒（s）作为计量时间的最小单位。

UNIX 时间戳在很多时候非常有用，因为它是一个 32 位的数字格式，所以特别适用于计算机处理，例如计算两个时间点之间相差的天数等。

使用 time()函数可以获取当前时间的 UNIX 时间戳。其语法格式如下。

```
int time ( )
```

【示例 5-4】 获取当前时间的时间戳。

```
<?php
    date_default_timezone_set('Asia/Shanghai');    //设置时区
    //输出当前时间的时间戳
    echo time();
```

示例 5-4 的执行结果如图 5-4 所示。

另外，还可以使用 microtime()函数返回当前的 UNIX 时间戳和微秒数。其语法格式如下。

```
mixed microtime ( [bool get_as_float] )
```

说明：

- microtime()函数的返回值有两种不同的数据类型（浮点数或者字符串），则把其返回值的类型设置为伪类型 mixed（mixed 类型表示可以接收多种不同的类型）。
- 参数 get_as_float 是可选的，用来指定返回值的数据类型。如果设置为 true，则返回一个浮点数（其中小数点的前面表示的是 UNIX 时间戳，小数点的后面表示的是微秒的值）；如果设置为 false 或者省略，则返回一个"msec sec"格式的字符串（其中 sec 表示的是 UNIX 时间戳，msec 表示的是微秒部分，这两个部分都是以秒为单位进行返回，即 msec 返回的是一个小于 1 且大于或等于 0 的浮点数）。

【示例 5-5】 获取时间戳（包括微秒数）。

```php
<?php
    date_default_timezone_set('Asia/Shanghai');        //设置时区
    // 输出当前时间的时间戳（包括微秒数）
    echo microtime(true);                              //浮点数形式
    echo "<hr>";
    echo microtime();                                  //字符串形式
```

示例 5-5 的执行结果如图 5-5 所示。

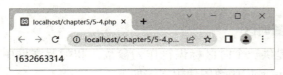

图 5-4　获取时间戳

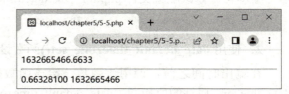

图 5-5　获取时间戳（包括微秒数）

5.2.3　将时间戳转换成日期和时间

使用 date()函数可以获取指定时间戳的日期和时间。其语法格式如下。

```
String date ( string format [, int timestamp] )
```

说明：
- 第 1 个参数 format 是必需的，指定输出的日期字符串的格式。
- 第 2 个参数 timestamp 是可选的，需要指定一个 UNIX 时间戳，如果没有指定，则默认为 time()函数。

date()函数返回一个格式化后的日期字符串，常用的 format 字符及其说明见表 5-3。

表 5-3　date()函数中常用的 format 字符及其说明

序号	format 字符	说　　明	返　回　值
1	d	月份中的第几天，有前导 0 的两位数值	01～31
2	D	星期中的第几天，三个字母缩写表示	Mon～Sun
3	j	月份中的第几天，没有前导 0	1～31
4	l	星期几的完整文本表示	Sunday～Saturday
5	N	星期中第几天的数值表示（ISO—8601 格式年份）	1～7（1 表示星期一）
6	S	每月天数后面的英文后缀，两个字符	st，nd，rd 或者 th
7	w	星期中第几天的数值表示	0～6（0 表示星期日）
8	z	年份中的第几天	0～366
9	W	一年中的第几周（ISO—8601 格式年份）	例如：29（当年的第 29 周）
10	F	月份的完整文本表示	January～December
11	m	月份的数值表示，有前导 0	01～12
12	M	三个字母缩写表示的月份	Jan～Dec
13	n	月份的数值表示，没有前导 0	1～12
14	t	给定月份所应有的天数	28～31

（续）

序号	format 字符	说 明	返 回 值
15	L	是否为闰年	是为1，否为0
16	Y	年份的4位数值表示	例如：1998 或 2016
17	y	年份的2位数值表示	例如：98 或 16
18	a	小写的上午和下午值	am 或 pm
19	A	大写的上午和下午值	AM 或 PM
20	g	小时，12 小时格式，没有前导0	1～12
21	G	小时，24 小时格式，没有前导0	0～23
22	h	小时，12 小时格式，有前导0	01～12
23	H	小时，24 小时格式，有前导0	00～23
24	i	有前导0的分钟数	00～59
25	s	有前导0的秒数	00～59
26	e	时区标识	例如：UTC、PRC、Asia/Shanghai
27	O	与格林尼治时间相差的小时数	例如：+0800
28	T	本机所在的时区	例如：EST、MDT 等
29	Z	时差偏移量的秒数	-43200～43200
30	c	ISO 8601 格式的日期	例如：2021-05-08T14:45:12+08:00
31	r	RFC 822 格式的日期	例如：Sun, 08 May 2021 14:45:12 +0800
32	U	从 UNIX 纪元开始至今的秒数	参见 time()函数

【示例 5-6】将时间戳转换成日期和时间。

```
<?php
    date_default_timezone_set('Asia/Shanghai');        //设置时区
    // 输出当前日期时间
    echo "当前日期时间: ".date('Y-m-d H:i:s');
    echo "<hr>";
    // 输出时间戳为"1623456789"的日期时间，以及星期几
    $arrWeeks = ['星期日','星期一','星期二','星期三','星期四','星期五','星期六'];
    $time = date('Y-m-d H:i:s', 1623456789);
    $week = $arrWeeks[date('w', 1623456789)];
    echo "时间戳为1623456789的日期时间为: ".$time." ".$week;
```

示例 5-6 的执行结果如图 5-6 所示。

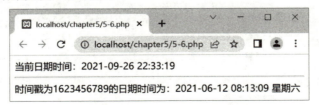

图 5-6 将时间戳转换成日期和时间

5.2.4 获取日期/时间信息

使用 getdate()函数可以获取日期/时间信息，返回一个包含日期相关信息的关联数组。其语

法格式如下。

```
array getdate ( [int timestamp] )
```

说明：参数 timestamp 是可选的，需要指定一个 UNIX 时间戳，如果没有指定，则默认为 time()函数。

getdate()函数共返回 11 个数组单元，其说明见表 5-4。

表 5-4 getdate()函数返回的数组单元及说明

序号	键名	说 明	返 回 值
1	seconds	秒的数值表示	0~59
2	minutes	分钟的数值表示	0~59
3	hours	小时的数值表示	0~23
4	mday	月份中第几天的数值表示	1~31
5	wday	星期中第几天的数值表示	0~6（0 表示星期天）
6	mon	月份的数值表示	1~12
7	year	年份的 4 位数值表示	例如：2021 或 2016
8	yday	一年中第几天的数值表示	0~365
9	weekday	星期几的完整文本表示	Sunday~Saturday
10	month	月份的完整文本表示	January~December
11	0	从 UNIX 纪元开始至今的秒数	参见 time()参数

【示例 5-7】 获取日期信息。

```php
<?php
    echo "<pre>";
    date_default_timezone_set('Asia/Shanghai');     //设置时区
    // 输出当前日期时间
    echo date('Y-m-d H:i:s');
    echo "<hr>";
    // 获取日期时间信息
    $date = getdate();
    print_r($date);
```

示例 5-7 的执行结果如图 5-7 所示。

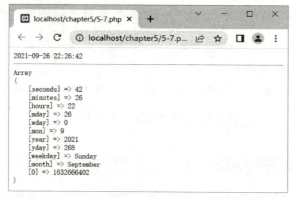

图 5-7 获取日期信息

5.2.5 将日期和时间转换成时间戳

使用 strtotime() 函数可以将任何英文文本的日期时间转变成 UNIX 时间戳。其语法格式如下。

```
int strtotime ( string time )
```

说明：strtotime() 函数执行成功返回 UNIX 时间戳，否则返回 false。

【示例 5-8】 将日期和时间转换成时间戳。

```
<?php
    $time = "2021-9-1 10:15:30";
    echo $time."<hr>";
    // 输出以上日期时间的时间戳
    echo strtotime($time);
```

示例 5-8 的执行结果如图 5-8 所示。

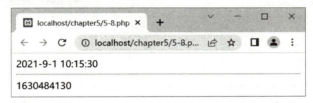

图 5-8　将日期和时间转换成时间戳

说明：PHP 中日期/时间操作函数很常用，但并不复杂。一般只需要掌握 UNIX 时间戳的获得和操作方法，以及格式化为本地日期和时间的方法，即可轻松掌握 PHP 中日期/时间操作函数的使用。

5.3 习题

1．设 x = −10.85，则 ceil(x) 和 floor(x) 返回的值分别为多少？

2．以 "YYYY-MM-DD hh:mm:ss" 的格式输出当前日期，并在程序代码中设置为北京时间的时区。

3．把日期字符串 "2021-4-30 15:45:20" 中的 "年""月""日""时""分""秒""星期" 分别赋值给变量并输出。

4．输出一个以 "当前日期字符串 + 4 位随机整数" 组成的数字字符串。日期格式为 "YYYYMMDDhhmmss"。

5．编写一个程序，用来计算 "S = 1 + 1/2 + 1/3 + 1/4 + … + 1/n" 的值；当 n=1000000 时，统计该程序的执行时间。

第 6 章　PHP 文件系统处理

在 Web 编程中，文件的操作是非常实用的。在 PHP 中，可以通过其内置的文件系统处理函数完成对 Web 服务器端文件系统的操作，例如：文件的创建、打开、读取和写入数据、删除等；目录的创建、打开、浏览、删除等。本章学习要点如下。
- 目录的创建和删除
- 目录的打开和关闭
- 浏览目录
- 常用的目录操作函数
- 文件的打开和关闭
- 读取文件
- 写入文件
- 常用的文件操作函数

6.1 文件操作

6.1.1 打开和关闭文件

6.1（1）

6.1（2）

打开文件，实际上就是建立文件的各种有关信息，并使文件指针指向该文件，就可以将发起输入或输出流的实体联系在一起，以便进行读写等其他操作；关闭文件，则断开指针与文件之间的联系，即禁止再对该文件进行操作。在 PHP 中可以通过 fopen() 函数建立与文件资源的连接，使用 fclose() 函数关闭通过 fopen() 函数打开的各种资源。

1. fopen()函数

fopen()函数用来打开一个文件，成功则返回一个指向该文件的文件指针，否则返回 false 并附带错误信息，可以通过在函数名前面添加一个 "@" 符号来隐藏错误输出。其语法格式如下。

```
resource fopen (string filename, string mode)
```

说明：
- 第 1 个参数 filename，指定要被打开文件的 URL。这个 URL 可以是脚本所在的服务器中的绝对路径，也可以是相对路径。
- 第 2 个参数 mode，指定文件打开的模式，文件模式及其说明见表 6-1。

表 6-1　文件模式及其说明

序　号	模式字符	说　　明
1	r	只读方式打开文件，文件指针位于文件的开头
2	r+	读/写方式打开文件，文件指针位于文件的开头
3	w	只写方式打开文件，文件指针位于文件的开头。如果文件已经存在，则删除该文件中的所有内容；如果文件不存在，则创建该文件
4	w+	读/写方式打开文件，文件指针位于文件的开头。如果文件已经存在，则删除该文件中的所有内容；如果文件不存在，则创建该文件

（续）

序号	模式字符	说明
5	x	创建并以写入方式打开文件，文件指针位于文件的开头。如果文件已经存在，则返回 false；如果文件不存在，则创建该文件
6	x+	创建并以读/写方式打开文件，文件指针位于文件的开头。如果文件已经存在，则返回 false；如果文件不存在，则创建该文件
7	a	只写方式打开文件，文件指针位于文件的末尾。如果文件已经存在并已存在内容，则从该文件的末尾开始追加；如果文件不存在，则创建该文件
8	a+	读/写方式打开文件，文件指针位于文件的末尾。如果文件已经存在并已存在内容，则从该文件的末尾开始追加；如果文件不存在，则创建该文件
9	b	以二进制模式打开文件，用于与其他模式进行连接。是默认的模式

2. fclose()函数

fclose()函数用来关闭 fopen()函数打开的文件指针，成功则返回 true，否则返回 false。其语法格式如下：

```
bool fclose (resource file_handle)
```

说明：参数 file_handle 指定之前由 fopen()函数打开的文件指针。

【示例 6-1】 打开和关闭文件。

```php
<?php
//以只写模式打开data1.txt文件
$handle1 = fopen('./data/data1.txt', 'w');
var_dump($handle1);
echo "<hr>";
//以只读模式打开data2.txt文件（文件data2.txt不存在）
$handle2 = @fopen('./data/data2.txt', 'r');
var_dump($handle2);
//关闭资源$handle1
fclose($handle1);
//关闭资源$handle2
@fclose($handle2);
```

示例 6-1 的执行结果如图 6-1 所示。

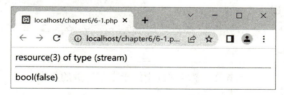

图 6-1　打开和关闭文件

6.1.2　读取文件

在 PHP 中提供了多个从文件中读取内容的标准函数，可以根据它们的功能特性在程序中选择哪个函数使用。这些函数及其功能见表 6-2。

表 6-2　读取文件内容的函数及其功能

序号	函数名	功能
1	fread()	读取打开文件中的内容
2	fgets()	读取打开文件中的一行内容

（续）

序号	函数名	功能
3	fgetc()	读取打开文件中的一个字符
4	file_get_contents()	将文件读入字符串。该函数无须使用 fopen()函数打开文件

1．fread()函数

fread()函数用来在打开的文件中读取指定长度的字符串，也可以安全用于二进制文件的读取。在区分二进制文件和文本文件的系统上打开文件时，fopen()函数的 mode 模式要加上"b"。该函数执行完成以后会返回读取的内容字符串，出现错误时则返回 false。其语法格式如下。

```
string fread (resource file_handle, int length)
```

说明：
- 第 1 个参数 file_handle，指定之前由 fopen()函数打开的文件指针。
- 第 2 个参数 length，指定最多读取文件中的 length 个字节。在读取完 length 个字节或到达文件末尾时，则会停止读取文件。

【示例 6-2】 读取文件中的指定字节数的数据。

```php
<?php
    $filename = './data/hello.txt';
    //以只读的方式打开文件 hello.txt
    $handle = @fopen($filename, 'r') or die('文件打开失败！');
    //从文件中读取前 5 个字节的数据
    $contents = fread($handle, 5);
    //输出从文件中读取的内容
    echo $contents;
    //关闭文件资源
    fclose($handle);
```

示例 6-2 的执行结果如图 6-2 所示。

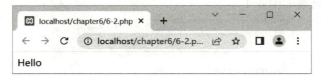

图 6-2　读取文件中的指定字节数的数据

【示例 6-3】 读取文件中的全部数据。

```php
<?php
    echo "<pre>";
    $filename = './data/doc.txt';
    //以只读的方式打开文件 doc.txt
    $handle = @fopen($filename, 'r') or die('文件打开失败！');
    //使用 filesize()函数获得文件的大小
    $contents = fread($handle, filesize($filename));
    //输出从文件中读取的内容
    echo $contents;
    //关闭文件资源
    fclose($handle);
```

说明：filesize()函数用来获取文件的大小。

示例 6-3 的执行结果如图 6-3 所示。

图 6-3　读取文件中的全部数据

2．fgets()函数

fgets()函数用来在打开的文件中读取一行数据，如果读取失败，则返回 false。其语法格式如下。

```
string fgets (resource file_handle [, int length])
```

说明：
- 第 1 个参数 file_handle，指定之前由 fopen()函数打开的文件指针。
- 第 2 个参数 length 是可选项，指定读取文件中的一行并返回最多为 length-1 个字节的字符串，或者返回遇到换行或 EOF 之前读取的所有内容。如果省略，则默认为 1024 字节。

【示例 6-4】　读取文件中的一行数据。

```php
<?php
    $filename = './data/doc.txt';
    //以只读的方式打开文件 doc.txt
    $handle = @fopen($filename, 'r') or die('文件打开失败！');
    //从文件中读取一行数据
    $contents = fgets($handle);
    //输出从文件中读取的内容
    echo $contents;
    //关闭文件资源
    fclose($handle);
```

示例 6-4 的执行结果如图 6-4 所示。

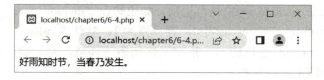

图 6-4　读取文件中的一行数据

3．fgetc()函数

fgetc()函数用来在打开的文件中读取当前指针位置处的一个字符，如果遇到文件结束标志 EOF，则返回 false。其语法格式如下。

```
string fgetc (resource file_handle)
```

说明：参数 file_handle 指定之前由 fopen()函数打开的文件指针。

【示例 6-5】 每次读取文件中的一个字符，直至全部读完。

```php
<?php
    $filename = './data/hello.txt';
    //以只读的方式打开文件 hello.txt
    $handle = @fopen($filename, 'r') or die('文件打开失败！');
    while($str=fgetc($handle)){
        echo $str."<br>";
    }
    //关闭文件资源
    fclose($handle);
```

示例 6-5 的执行结果如图 6-5 所示。

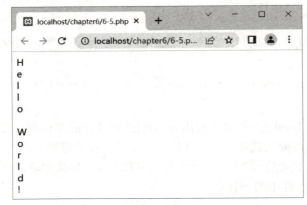

图 6-5　读取文件中的一个字符

4．file_get_contents()函数

file_get_contents()函数用来把一个文件的内容读入到一个字符串中，也可以从文件中的指定位置读取指定字节的内容。如果失败，则返回 false。其语法格式如下。

```
string file_get_contents (string filename [, bool use_include_path [, resource context [, int start [, int max_length]]]])
```

说明：
- 第 1 个参数 filename，指定要被读取的文件。
- 第 2 个参数 use_include_path 是可选项，如果想在"include_path"所指定目录中搜索文件（include_path 定义在 php.ini 中），则设置为 1；默认为 false。
- 第 3 个参数 context 是可选项，指定文件句柄的环境，是一套可以修改流的行为的选项。若使用 NULL，则忽略。
- 第 4 个参数 start 是可选项，指定在文件中开始读取的位置。
- 第 5 个参数 max_length 是可选项，指定读取的字节数。

【示例 6-6】 使用 file_get_contents()函数读取文件中的全部数据。

```php
<?php
    echo "<pre>";
    $filename = './data/doc.txt';
    //读取 doc.txt 文件中的全部内容到一个变量中
    $contents = file_get_contents($filename);
    //输出从文件中读取的内容
```

```
        echo $contents;
```
示例 6-6 的执行结果同图 6-3。

6.1.3　写入文件

在 PHP 中提供了 fwrite()和 file_put_contents()函数将程序中的数据写入到文件中，这两个函数及其功能见表 6-3。

表 6-3　将数据写入文件的函数及其功能

序 号	函 数 名	功 能
1	fwrite()	写入文件。在写入之前，需要使用 fopen()函数打开文件；写入结束以后，使用 fclose()函数关闭文件
2	file_put_contents()	快速写入文件。该函数与依次调用 fopen()、fwrite()、fclose()函数的功能一样

1．fwrite()函数

fwrite()函数用来把字符串的内容写入到一个打开的文件中。在文件中通过字符序列"\n"表示换行符，表示文件中一行的末尾（基于 Windows 的系统使用"\r\n"作为行结束字符）。该函数执行完成以后会返回写入的字符数，出现错误时则返回 false。其语法格式如下。

```
        int fwrite (resource file_handle, string data [, int length])
```

说明：
- 第 1 个参数 file_handle，指定之前由 fopen()函数打开的文件指针。
- 第 2 个参数 data，指定要写入到文件中的字符串内容。
- 第 3 个参数 length 是可选项，指定把字符串中的前 length 个字节写入到文件中。如果字符串的字节数小于 length 或者省略，则把整个字符串的内容写入到文件中。

【示例 6-7】　使用 fwrite()函数写入数据到文件。

```
        <?php
            $filename = './data/fwrite.txt';
            //以只写的方式打开文件 fwrite.txt
            $handle = @fopen($filename, 'w') or die('文件打开失败！');
            //写入两行数据到文件中
            fwrite($handle, "好雨知时节, 当春乃发生。\r\n");
            fwrite($handle, "随风潜入夜, 润物细无声。\r\n");
            //关闭文件资源
            fclose($handle);
```

示例 6-7 执行以后，如果不存在 fwrite.txt 文件，则创建该文件并将这两行数据写入；如果存在 fwrite.txt 文件，则清空该文件后再将这两行数据写入。打开 fwrite.txt 文件，结果如图 6-6 所示。

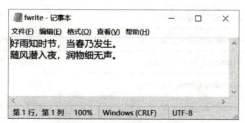

图 6-6　使用 fwrite()函数写入数据到文件

2. file_put_contents()函数

file_put_contents()函数用来将数据直接写入到指定的文件中。该函数执行成功以后会返回写入的字符数,如果失败,则返回 false。其语法格式如下。

```
int file_put_contents (string filename, mixed data [, int flags = 0 [, resource context]])
```

说明:
- 第 1 个参数 filename,指定要写入数据的文件。如果文件不存在,则创建一个新的文件。
- 第 2 个参数 data,指定要写入到文件中的数据。可以是字符串、数组或数据流。
- 第 3 个参数 flags 是可选项,可能取值如下。
    - FILE_USE_INCLUDE_PATH:在 "include_path" 所指定目录中搜索并打开 filename。
    - FILE_APPEND:如果 filename 已经存在,则是追加数据而不是覆盖数据。
    - LOCK_EX:在写入时获得一个独占锁。
- 第 4 个参数 context 是可选项,指定文件句柄的环境,是一套可以修改流的行为的选项。若使用 NULL,则忽略。

【示例 6-8】 使用 file_put_contents()函数写入数据到文件。

```php
<?php
    $filename = './data/file_put.txt';
    $data = "好雨知时节,当春乃发生。\r\n";
    $data .= "随风潜入夜,润物细无声。\r\n";
    //将$data 中的数据一次性写入到文件 file_put.txt 中
    file_put_contents($filename, $data);
```

示例 6-8 执行以后,打开 file_put.txt 文件,结果同图 6-6。

6.1.4 文件操作函数

文件操作主要包括删除文件、重命名文件、复制文件、检查文件是否存在、查看文件信息等操作,PHP 中常用的文件操作函数及其功能见表 6-4。

表 6-4 常用的文件操作函数及其功能

序 号	函 数 名	语法格式	功 能
1	unlink	bool unlink (string filename)	删除文件 filename
2	rename	bool rename (string oldname, string newname)	将文件名从 oldname 重命名为 newname
3	copy	bool copy (string source, string dest)	将文件从 source 复制到 dest
4	file_exists	bool file_exists (string filename)	检查文件 filename 是否存在(也可以检查目录是否存在)
5	filesize	int filesize (string filename)	获取文件大小(字节数)
6	filetype	string filetype (string filename)	获取文件或目录的类型
7	fileatime	int fileatime (string filename)	获取文件的上次访问时间(UNIX 时间戳形式)
8	filemtime	int filemtime (string filename)	获取文件的上次修改时间(UNIX 时间戳形式)
9	pathinfo	array pathinfo (string filename)	获取文件路径的信息

6.2 目录操作

6.2.1 打开和关闭目录

在 PHP 中可以通过 opendir()函数打开目录，使用 closedir()函数关闭通过 opendir()函数打开的目录。

1. opendir()函数

opendir()函数用来打开一个目录，成功则返回一个指向该目录的目录指针；如果目录不存在，或者存在浏览权限问题，则返回 false。其语法格式如下。

```
resource opendir (string path)
```

说明：参数 path 指定要打开的目录路径。

2. closedir()函数

closedir()函数用来关闭 opendir()函数打开的目录指针。其语法格式如下。

```
void closedir (resource dir_handle)
```

说明：参数 dir_handle 指定之前由 opendir()函数打开的目录指针。

【示例 6-9】 打开和关闭目录。

```php
<?php
    $dirname = './data';
    //打开目录
    $handle = opendir($dirname);
    var_dump($handle);
    //关闭目录
    closedir($handle);
```

示例 6-9 的执行结果如图 6-7 所示。

图 6-7　打开和关闭目录

6.2.2 浏览目录

在 PHP 中，scandir()函数可以用来浏览目录，成功则返回一个由该目录中的文件和子目录组成的数组；如果浏览目录失败，则返回 false。其语法格式如下。

```
array scandir (string directory [, int sort_order])
```

说明：

- 第 1 个参数 directory，指定要浏览的目录。

- 第 2 个参数 sort_order 是可选项，指定输出数组的排序，默认是按照字母升序排序；如果设置为 1，则表示按照字母降序排序。

【示例 6-10】 浏览目录。

```php
<?php
echo "<pre>";
    $dirname = './data';
    echo "浏览目录 ".$dirname." : <br>";
    $result = scandir($dirname);
    print_r($result);
```

示例 6-10 的执行结果如图 6-8 所示。

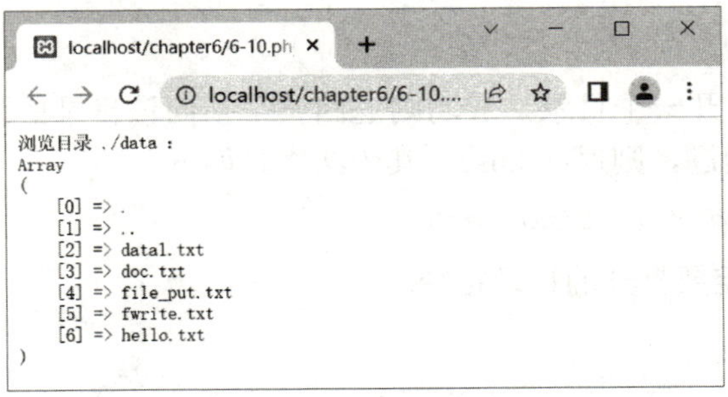

图 6-8　浏览目录

说明：每个目录下都有两个隐藏的特殊的目录"."和"..",分别表示当前目录和当前目录的父目录。

6.2.3　目录操作函数

目录操作主要包括创建目录、删除目录、判断是否是目录、获取目录信息等操作，PHP 中常用的目录操作函数及其功能见表 6-5。

表 6-5　常用的目录操作函数及其功能

序　号	函数名	语法格式	功　　能
1	mkdir	bool mkdir (string path)	创建一个目录
2	rmdir	bool rmdir (string directory)	删除一个目录（该目录必须是空目录）
3	is_dir	bool is_dir (string directory)	判断是否是目录
4	getcwd	string getcwd ()	获取当前工作目录
5	chdir	bool chdir (string directory)	修改当前工作目录
6	readdir	string readdir (resource dir_handle)	获取当前目录指针位置的一个文件名，并且将目录指针向后移动一位
7	rewinddir	void rewinddir (resource dir_handle)	将目录指针重置到目录的开始处

6.3　习题

1. 编写一个简单的留言簿，可以实现浏览和发布留言的功能。
2. 遍历目录，输出所有的文件名以及文件大小。

第 7 章 PHP 图形图像处理

PHP 提供了一系列内置的图像处理函数来实现在网站编程中对图像的编辑，这在很多需要动态生成图像、自动批量处理图像的方面，能给用 PHP 开发网站带来巨大帮助，其中最为典型的应用有随机图形验证码、图像裁剪、图像缩放、图像水印、数据统计中的饼状图、柱状图的生成等。本章学习要点如下。

- GD 库
- 生成验证码
- 图像裁剪
- 图像缩放
- 为图像添加水印

7.1 GD 库

PHP 的图像处理函数都封装在一个称为 GD 库的函数库中，要使用 GD 库中的函数来进行图像处理，必须保证安装了 GD 库，GD 库的安装步骤如下。

7.1

1）在 PHP 官方的标准发行版本中，都包含了 GD 库，通常存放在 PHP 安装目录下的 ext 子目录中，文件名为 php_gd2.dll。

2）配置 GD 库的自动载入功能：使用记事本打开 php.ini 配置文件，查找到代码行";extension=php_gd2.dll"，将最前面的分号";"去除，保存后重启 Apache 服务器，这时 GD 库就被自动加载。如果该代码行的最前面无分号";"，则表示 GD 库已被自动加载。

最新的 GD 库支持 GIF、JPEG、PNG 和 WBMP 等格式的图像文件，通过 GD 库中的函数可以完成各种点、线、几何图形、文本及颜色的操作和处理，还可以创建或读取多种格式的图像文件。PHP 中常用的图像处理函数及其说明见表 7-1。

表 7-1 PHP 中常用的图像处理函数及其说明

序 号	函 数 名	说 明
1	gd_info()	取得当前安装的 GD 库的信息
2	getimagesize()	取得图像大小
3	getimagesizefromstring()	从字符串中获取图像尺寸信息
4	image_type_to_extension()	取得图像类型的文件扩展名
5	imagewbmp()	以 WBMP 格式将图像输出到浏览器或文件
6	imagearc()	画椭圆弧
7	imagechar()	水平地画一个字符
8	imagecharup()	垂直地画一个字符
9	imagecolorallocate()	为一幅图像分配颜色
10	imagecolordeallocate()	取消图像颜色的分配
11	imagecolortransparent()	将某个颜色定义为透明色
12	imagecopy()	复制图像的一部分

（续）

序 号	函 数 名	说 明
13	imagecopymerge()	复制并合并图像的一部分
14	imagecopymergegray()	用灰度复制并合并图像的一部分
15	imagecopyresized()	复制部分图像并调整大小
16	imagecreate()	新建一个基于调色板的图像
17	imagecreatefromgd2()	从 GD2 文件或 URL 新建一图像
18	imagecreatefromgd2part()	从给定的 GD2 文件或 URL 中的部分新建一图像
19	imagecreatefromgd()	从 GD 文件或 URL 新建一图像
20	imagecreatefromgif()	由 GIF 文件或 URL 创建一个新图像
21	imagecreatefromjpeg()	由 JPEG 文件或 URL 创建一个新图像
22	imagecreatefrompng()	由 PNG 文件或 URL 创建一个新图像
23	imagecreatefromstring()	从字符串中的图像流新建一图像
24	imagecreatefromwbmp()	由 WBMP 文件或 URL 创建一个新图像
25	imagecreatetruecolor()	新建一个真彩色图像
26	imagedashedline()	画一虚线
27	imagedestroy()	销毁一图像
28	imageellipse()	画一个椭圆
29	imagefill()	区域填充
30	imagefilledarc()	画一椭圆弧并填充
31	imagefilledellipse()	画一椭圆并填充
32	imagefilledpolygon()	画一多边形并填充
33	imagefilledrectangle()	画一矩形并填充
34	imagefilltoborder()	区域填充到指定颜色的边界为止
35	imagefontheight()	取得字体高度
36	imagefontwidth()	取得字体宽度
37	imagegd2()	将 GD2 图像输出到浏览器或文件
38	imagegd()	将 GD 图像输出到浏览器或文件
39	imagegif()	以 GIF 格式将图像输出到浏览器或文件
40	imageistruecolor()	检查图像是否为真彩色图像
41	imagejpeg()	以 JPEG 格式将图像输出到浏览器或文件
42	imageline()	画一条线段
43	imageloadfont()	载入一新字体
44	imagepng()	以 PNG 格式将图像输出到浏览器或文件
45	imagepolygon()	画一个多边形
46	imagerectangle()	画一个矩形
47	imagerotate()	用给定角度旋转图像
48	imagesetpixel()	画一个单一像素
49	imagesetstyle()	设定画线的风格
50	imagesetthickness()	设定画线的宽度
51	imagestring()	水平地画一行字符串
52	imagestringup()	垂直地画一行字符串

(续)

序 号	函 数 名	说　明
53	imagesx()	取得图像宽度
54	imagesy()	取得图像高度
55	imagetypes()	返回当前 PHP 版本所支持的图像类型
56	imagettftext()	用 TrueType 字体向图像写入文本

在 PHP 中，通过 GD 库处理图像的操作，都是先在内存中处理，操作完成以后再以文件流的方式输出到浏览器或保存在服务器的磁盘中。创建一幅图像应该完成以下 4 个步骤。

1）创建画布：创建一个背景图像（也叫画布），以后所有的绘图设计都将基于这个背景图像。

2）绘制图像：画布创建完成以后，就可以通过这个画布资源，使用各种图像处理函数设置图像的颜色、填充画布、画点、线段、各种几何图像，以及向图像中添加文本等。

3）输出图像：完成整个图像的绘制以后，需要将图像以某种格式保存到服务器指定的文件中；或者将图像直接输出到浏览器上显示给用户，但在图像输出之前，一定要使用 header()函数发送 Content-type 通知浏览器，这次发送的是图像而不是文本。

4）释放资源：图像被输出以后，画布中的内容也不再有用。出于节约系统资源的考虑，需要及时清除画布占用的所有内存资源。

7.1.1　画布的创建和销毁

在 PHP 中，可以使用 imagecreate()和 imagecreatetruecolor()这两个函数创建指定的画布。创建画布就是在内存中开辟一块存储区域，以后对图像的所有操作都是基于这个画布处理的，画布就是一个图像资源。

1．imagecreate()和 imagecreatetruecolor()函数

imagecreate()函数用来创建一幅基于调色板的图像，其返回一个图像标识符，代表了一幅指定大小的空白图像；imagecreatetruecolor()函数用来创建一幅真彩色图像，其返回一个图像标识符，代表了一幅指定大小的黑色图像。其语法格式如下。

```
resource imagecreate (int x_size, int y_size)
resource imagecreatetruecolor (int x_size, int y_size)
```

说明：
- 第 1 个参数 x_size，指定画布的宽度。
- 第 2 个参数 y_size，指定画布的高度。

2．imagesx()和 imagesy()函数

imagesx()函数用来获取图像的宽度，imagesy()函数用来获取图像的高度。其语法格式如下。

```
int imagesx (resource image)
int imagesy (resource image)
```

说明：参数 image 指定画布图像的句柄。

3．imagedestroy()函数

imagedestroy()函数用来销毁图像，释放内存与该图像的存储单元。其语法格式如下。

```
bool imagedestroy (resource image)
```

说明：参数 image 指定画布图像的句柄。

【示例 7-1】 创建一幅画布，输出画布的宽度和高度，最后销毁该画布。

```php
<?php
    $img = imagecreatetruecolor(800, 600);       //创建一个800x600像素的画布
    echo '画布的宽度：'.imagesx($img);            //输出画布的宽度
    echo '<br>';
    echo '画布的高度：'.imagesy($img);            //输出画布的高度
    imagedestroy($img);                          //销毁该画布
```

示例 7-1 的执行结果如图 7-1 所示。

图 7-1　创建画布

7.1.2　设置颜色

在使用 PHP 动态输出图像的同时，可以调用 imagecolorallocate() 函数对图像中的颜色进行设置。如果图像中需要设置多种颜色，只要多次调用该函数即可。该函数返回一个标识符，代表了由给定的 RGB 成分组成的颜色。其语法格式如下。

```
int imagecolorallocate ( resource image, int red, int green, int blue )
```

说明：

- 第 1 个参数 image，指定画布图像的句柄。
- 第 2、3、4 个参数 red、green、blue，分别指定所需要颜色的红、绿、蓝成分。这些参数是 0~255 的整数或者是 0x00~0xFF 的十六进制数。

如果是使用 imagecreate() 函数创建的画布，第一次调用该函数时，会给所创建的画布自动填充背景色。

【示例 7-2】 创建一幅画布，并给该画布设置一些颜色。

```php
<?php
    $img = imagecreate(800, 600);    //创建一个800x600像素的画布
    $background = imagecolorallocate($img, 255, 0, 0);        //设置红色
    //再设置一些其他颜色
    $green = imagecolorallocate($img, 0, 255, 0);             //设置绿色
    $blue = imagecolorallocate($img, 0, 0, 255);              //设置蓝色
    $white = imagecolorallocate($img, 0xff, 0xff, 0xff);      //设置白色
    $black = imagecolorallocate($img, 0x00, 0x00, 0x00);      //设置黑色
```

7.1.3　生成图像

使用 GD 库中提供的函数动态绘制完成图像以后，就需要输出到浏览器或者将图像以文件形式保存起来。在 PHP 中，可以将动态绘制完成的画布，直接生成 GIF、JPEG、PNG 和 WBMP 这 4 种图像格式，分别通过调用 imagegif()、imagejpeg()、imagepng() 和 imagewbmp() 这

4 个函数来生成以上格式的图像。其语法格式如下：

```
bool imagegif (resource image [, string filename])
bool imagejpeg (resource image [, string filename [, int quality]])
bool imagepng (resource image [, string filename])
bool imagewbmp (resource image [, string filename [, int foreground]])
```

说明：
- 第 1 个参数 image，指定画布图像的句柄。
- 第 2 个参数 filename 是可选项，指定一个包含文件名的路径，把图像生成为一个文件。
- imagejpeg()函数中的第 3 个参数 quality 是可选项，指定 JPEG 格式图像的品质，其值的范围为整数 0～100。0 代表最差品质、但文件最小；100 代表最高品质、但文件最大。默认值为 75。
- imagewbmp()函数中的第 3 个参数 foreground 是可选项，指定图像的前景颜色，默认颜色值为黑色。

以上函数中，如果只提供第 1 个参数，则表示直接将原图像流输出，并在浏览器中显示动态输出的图像。但是一定要在输出之前使用 header()函数发送标头信息，用来通知浏览器使用正确的 MIME 类型对接收的内容进行解析，让它知道用户发送的是图像而不是文本的 HTML。例如：header('Content-type: image/png')等。

【示例 7-3】创建一幅画布，生成图像输出给浏览器。

```php
<?php
    $img = imagecreate(200, 100);        //创建一个200x100 像素的画布
    //设置红色（第一次调用时，画布背景即被设置为该颜色）
    $background = imagecolorallocate($img, 255, 0, 0);
    header('Content-type: image/png');   //通知浏览器这是一幅图像
    imagepng($img);                      //生成 PNG 格式的图像输出给浏览器
    imagedestroy($img); //销毁该画布
```

示例 7-3 的执行结果如图 7-2 所示。

【示例 7-4】创建一幅画布，生成图像并保存为文件。

```php
<?php
    $img = imagecreate(200, 100);        //创建一个200x100 像素的画布
    //设置红色（第一次调用时，画布背景即被设置为该颜色）
    $background = imagecolorallocate($img, 255, 0, 0);
    imagepng($img, './images/7-4.png');  //生成 PNG 格式的图像保存为文件
    imagedestroy($img);                  //销毁该画布
```

图 7-2 生成图像输出给浏览器

说明：执行以后，可以在 images 文件夹中查看到生成的 7-4.png 文件。

7.1.4 绘制图像

在 PHP 中，绘制图像的函数非常丰富，包括点、线、各种几何图形等平面图形，都可以通过 PHP 中提供的各种画图函数完成。本章介绍的都是最为常用的图像绘制函数，对于没有介绍到的函数，可以参考 PHP 官方手册自行学习和掌握。另外，这些图像绘制函数都需要使用画布资源，在画布中的位置通过坐标（原点是该画布左上角的起始位置，以像素为单位，沿着 X 轴

正方向向右延伸，沿着 Y 轴正方向向下延伸）决定，而且还可以通过函数中的最后一个参数设置每个图形的颜色。

1. imagesetpixel()函数

imagesetpixel()函数用来在画布中绘制一个指定颜色的单一像素的点。其语法格式如下。

```
bool imagesetpixel (resource image, int x, int y, int color)
```

说明：

- 第 1 个参数 image，指定画布图像的句柄。
- 第 2、3 个参数 x、y，指定绘制点的坐标(x, y)。
- 第 4 个参数 color，指定绘制点的颜色。

2. imageline()函数

imageline()函数用来在画布中绘制一条指定颜色的线段。其语法格式如下。

```
bool imageline (resource image, int x1, int y1, int x2, int y2, int color)
```

说明：

- 第 1 个参数 image，指定画布图像的句柄。
- 第 2、3 个参数 x1、y1，指定绘制线段的起始坐标(x1, y1)。
- 第 4、5 个参数 x2、y2，指定绘制线段的结束坐标(x2, y2)。
- 第 6 个参数 color，指定绘制线段的颜色。

【示例 7-5】 绘制两个像素点和一条线段。

```php
<?php
    $img = imagecreate(300, 200);              //创建一个300x200 像素的画布
    $background = imagecolorallocate($img, 200, 255, 200);   //设置背景颜色
    $red = imagecolorallocate($img, 255, 0, 0);              //设置红色
    $blue = imagecolorallocate($img, 0, 0, 255);             //设置蓝色
    //在坐标(50,100)处绘制一个红色的像素点
    imagesetpixel($img, 50, 100, $red);
    //在坐标(250,100)处再绘制一个红色的像素点
    imagesetpixel($img, 250, 100, $red);
    //在坐标(50,50)和(250,150)之间绘制一条蓝色的线段
    imageline($img, 50, 50, 250, 150, $blue);
    header('Content-type: image/png');         //通知浏览器这是一幅图像
    imagepng($img);                            //生成 PNG 格式的图像输出给浏览器
    imagedestroy($img);                        //销毁该画布
```

示例 7-5 的执行结果如图 7-3 所示。

3. imagefill()函数

imagefill()函数用来使用指定的颜色对图形实现区域填充。其语法格式如下。

```
bool imagefill (resource image, int x, int y, int color)
```

说明：

- 第 1 个参数 image，指定画布图像的句柄。
- 第 2、3 个参数 x、y，指定执行区域填充的坐标(x, y)。
- 第 4 个参数 color，指定填充的颜色。即与坐标(x, y)相邻的点都会被填充成指定的颜色。

【示例 7-6】 设置画布的背景为蓝色。

```php
<?php
    $img = imagecreatetruecolor(300, 200);        //创建一个300x200像素的画布
    $blue = imagecolorallocate($img, 0, 0, 255);  //设置蓝色
    imagefill($img, 0, 0, $blue);                 //将背景设置为蓝色
    header('Content-type: image/png');            //通知浏览器这是一幅图像
    imagepng($img);                               //生成 PNG 格式的图像输出给浏览器
    imagedestroy($img);                           //销毁该画布
```

示例 7-6 的执行结果如图 7-4 所示。

图 7-3　绘制像素点和线段

图 7-4　设置画布的背景为蓝色

4．imagerectangle()和 imagefilledrectangle()函数

这两个函数都是用来在画布中绘制矩形的。其中 imagerectangle()函数用来绘制一个指定边线颜色的矩形，而 imagefilledrectangle()函数用来绘制一个矩形并使用指定的颜色进行填充。其语法格式如下。

```
bool imagerectangle (resource image, int x1, int y1, int x2, int y2, int color)
bool imagefilledrectangle (resource image, int x1, int y1, int x2, int y2, int color)
```

说明：
- 第 1 个参数 image，指定画布图像的句柄。
- 第 2、3 个参数 x1、y1，指定绘制矩形的左上角坐标(x1, y1)。
- 第 4、5 个参数 x2、y2，指定绘制矩形的右下角坐标(x2, y2)。
- 第 6 个参数 color，在 imagerectangle()函数中是指定绘制矩形的边线颜色，而在 imagefilledrectangle()函数中是指定填充矩形的颜色。

【示例 7-7】 绘制图形并进行区域填充。

```php
<?php
    $img = imagecreatetruecolor(300, 200);                  //创建一个300x200像素的画布
    $background = imagecolorallocate($img, 0, 0, 255);      //设置背景颜色
    $white = imagecolorallocate($img, 255, 255, 255);       //设置白色
    $red = imagecolorallocate($img, 255, 0, 0);             //设置红色
    $green = imagecolorallocate($img, 0, 255, 0);           //设置绿色
    imagefill($img, 0, 0, $background);                     //将背景设置为指定颜色
    //以坐标(50,20)为左上角、(200,120)为右下角绘制一个白色边线的矩形
    imagerectangle($img, 50, 20, 200, 120, $white);
    imagefill($img, 60, 30, $green);                        //将矩形以绿色填充
    //以坐标(100,80)为左上角、(250,180)为右下角再绘制一个白色边线的矩形
    imagerectangle($img, 100, 80, 250, 180, $white);
```

```
imagefill($img, 110, 90, $red);              //将两个矩形重合的区域以红色填充
header('Content-type: image/png');            //通知浏览器这是一幅图像
imagepng($img);                               //生成 PNG 格式的图像输出给浏览器
imagedestroy($img);                           //销毁该画布
```

示例 7-7 的执行结果如图 7-5 所示。

5．imageellipse()和 imagefilledellipse()函数

这两个函数都是用来在画布中绘制椭圆。其中 imageellipse()函数用来绘制一个指定边线颜色的椭圆，而 imagefilledellipse()函数用来绘制一个椭圆并使用指定的颜色进行填充。其语法格式如下。

```
bool imageellipse (resource image, int cx, int cy, int w, int h, int color)
bool imagefilledellipse (resource image, int cx, int cy, int w, int h, int color)
```

说明：
- 第 1 个参数 image，指定画布图像的句柄。
- 第 2、3 个参数 cx、cy，指定绘制椭圆的中心点坐标(cx, cy)。
- 第 4、5 个参数 w、h，分别指定绘制椭圆的宽度和高度。
- 第 6 个参数 color，在 imageellipse()函数中是指定绘制椭圆的边线颜色，而在 imagefilledellipse()函数中是指定填充椭圆的颜色。

【示例 7-8】　绘制一个指定边线颜色的圆以及一个使用指定颜色进行填充的椭圆。

```
<?php
    $img = imagecreatetruecolor(300, 200);        //创建一个 300x200 像素的画布
    $background = imagecolorallocate($img, 200, 255, 200);  //设置背景颜色
    $red = imagecolorallocate($img, 255, 0, 0);   //设置红色
    $blue = imagecolorallocate($img, 0, 0, 255);  //设置蓝色
    imagefill($img, 0, 0, $background);           //将背景设置为指定颜色
    //以坐标(60,80)为中心点、宽度和高度都为 90 绘制一个红色的圆
    imageellipse($img, 60, 80, 90, 90, $red);
    //以坐标(200,135)为中心点、宽度为 150、高度为 80 绘制一个椭圆并使用蓝色填充
    imagefilledellipse($img, 200, 135, 150, 80, $blue);
    header('Content-type: image/png');            //通知浏览器这是一幅图像
    imagepng($img);                               //生成 PNG 格式的图像输出给浏览器
    imagedestroy($img);                           //销毁该画布
```

示例 7-8 的执行结果如图 7-6 所示。

图 7-5　绘制图形并进行区域填充

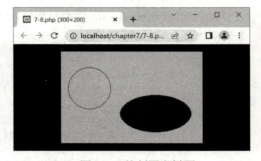

图 7-6　绘制圆和椭圆

6．imagearc()函数

imagearc()函数用来在画布中绘制一个椭圆弧，也可以绘制完整的圆形或者椭圆形。其语法

格式如下。

```
bool imagearc ( resource image, int cx, int cy, int w, int h, int s, int e, int color )
```

说明：
- 第 1 个参数 image，指定画布图像的句柄。
- 第 2、3 个参数 cx、cy，指定绘制椭圆的中心点坐标(cx, cy)。
- 第 4、5 个参数 w、h，分别指定绘制椭圆的宽度和高度。
- 第 6、7 个参数 s、e，分别指定椭圆弧的起始点和结束点，以角度作为单位。
- 第 8 个参数 color，指定绘制椭圆弧的颜色。

7.1.5 在图像中添加文字

在图像中显示的文字也需要按照坐标位置绘制上去。在 PHP 中提供了非常灵活的文字绘制方法，可以使用 imagestring()、imagechar()等函数将内置的各种字体的文字绘制到图像中。

1．imagestring()和 imagestringup()函数

这两个函数都是用来在画布中添加一行字符串。其中 imagestring()函数用来水平地绘制一行字符串，而 imagestringup()函数用来垂直地绘制一行字符串。其语法格式如下。

```
bool imagestring (resource image, int font, int x, int y, string s, int color)
bool imagestringup (resource image, int font, int x, int y, string s, int color)
```

说明：
- 第 1 个参数 image，指定画布图像的句柄。
- 第 2 个参数 font，指定文字字体标识符，其值的范围为整数 1～5，表示使用的是内置的字体，数字越大则输出的文字尺寸就越大。
- 第 3、4 个参数 x、y，指定绘制字符串的起始位置坐标(x, y)。如果是水平地绘制一行字符串则是从左向右输出，而垂直地绘制一行字符串则是从下而上输出。
- 第 5 个参数 s，指定绘制字符串或字符的内容。
- 第 6 个参数 color，指定绘制字符串的颜色。

2．imagechar()和 imagecharup()函数

这两个函数都是用来在画布中添加单个字符。其中 imagechar()函数用来水平地绘制一个字符，而 imagecharup()函数用来垂直地绘制一个字符。其语法格式如下。

```
bool imagechar (resource image, int font, int x, int y, char c, int color)
bool imagecharup (resource image, int font, int x, int y, char c, int color)
```

说明：
- 第 1 个参数 image，指定画布图像的句柄。
- 第 2 个参数 font，指定文字字体标识符，其值的范围为整数 1～5。
- 第 3、4 个参数 x、y，指定绘制字符的起始位置坐标(x, y)。
- 第 5 个参数 c，指定绘制字符的内容。
- 第 6 个参数 color，指定绘制字符的颜色。

【示例 7-9】 在图像中添加文字。

```php
<?php
    $img = imagecreatetruecolor(300, 200);       //创建一个300x200像素的画布
    $background = imagecolorallocate($img, 200, 255, 200);  //设置背景颜色
    $blue = imagecolorallocate($img, 0, 0, 255);            //设置蓝色
    $red = imagecolorallocate($img, 255, 0, 0);             //设置红色
    imagefill($img, 0, 0, $background);          //将背景设置为指定颜色
    $str = 'PHP + MySQL';
    //从坐标(30,60)处开始水平地绘制一行字符串（蓝色）
    imagestring($img, 5, 30, 60, $str, $blue);
    //从坐标(30,120)处使用循环绘制字符串中的每一个字符（红色）
    for($i=0; $i<strlen($str); $i++){
        imagechar($img, 5, $i*20+30, 120, $str[$i], $red);
    }
    header('Content-type: image/png');   //通知浏览器这是一幅图像
    imagepng($img);                      //生成PNG格式的图像输出给浏览器
    imagedestroy($img);                  //销毁该画布
```

示例 7-9 的执行结果如图 7-7 所示。

图 7-7　在图像中添加文字

7.2　验证码生成

验证码就是将一串随机产生的数字或符号动态生成一幅图像，再在图像中加上一些干扰像素，只要让用户可以通过肉眼识别其中的信息即可。并且在表单提交时使用，只有输入正确的验证码后才能继续使用某项功能。

7.2

验证码经常在用户注册、登录或者网上发帖时使用。验证码主要是为了防止有人利用计算机程序自动批量注册、对特定的注册用户使用特定程序暴力破解方式进行不断地登录、灌水等。因为验证码是一个混合了数字或符号的图像，人眼看起来都费劲，机器识别起来就更困难了，这样可以确保当前访问者是一个真实的人而非机器。

【示例 7-10】 生成一个由 5 个字母或数字组成的验证码。

```php
<?php
    /*
     * 初始化
     */
```

```php
    $border = 0;              //是否需要边框 (0: 不要; 1: 要)
    $n = 5;                   //验证码位数
    $w = $n * 20;             //图像宽度
    $h = 40;                  //图像高度
    $font = 5;                //字体(1~5)
    $code = '3456789';        //验证码内容包含数字 (去除掉容易混淆的012)
    //验证码内容还包含小写字母 (去除掉容易混淆的loz)
    $code .= 'abcdefghijkmnpqrstuvwxy';
    //验证码内容还包含大写字母 (去除掉容易混淆的LOZ)
    $code .= 'ABCDEFGHIJKMNPQRSTUVWXY';
    $vCode = '';              //验证码字符串初始化

    /*
     * 绘制基本框架
     */
    $img = imagecreatetruecolor($w, $h);                    //创建验证图像
    $background = imagecolorallocate($img, 255, 255, 255);  //设置背景颜色 (白色)
    imagefill($img, 0, 0, $background);                     //填充背景色
    if ($border) {
        $black = imagecreatetruecolor($img, 0, 0, 0);       //设置边框颜色 (黑色)
        imagerectangle($img, 0, 0, $w-1, $h-1, $black);     //绘制边框
    }
    /*
     * 逐位产生随机字符
     */
    for ($i = 0; $i < $n; $i++) {
        $ix = rand(0, strlen($code) - 1);        //在验证码组合中随机产生一个序号
        $c = substr($code, $ix, 1);              //获取该序号处的字符
        $vCode .= $c;                            //逐位加入到验证码字符串中
        $x = floor($w/$n)*$i + 3;                //设置绘制字符的位置 (x 坐标)
        $y = rand(floor($h/5),floor($h/2));      //设置绘制字符的位置 (y 坐标)
        //设置字符颜色 (随机)
        $charColor = imagecolorallocate($img, rand(0,30), rand(0,30), rand(0,30));
        ImageChar($img, $font, $x, $y, $c, $charColor);     //绘制字符
    }
    /*
     * 添加干扰
     */
    for ($i = 0; $i < 5; $i++) {                 //绘制背景干扰线
        //设置干扰线颜色 (随机)
        $lineColor = imagecolorallocate($img, rand(150,255), rand(150,255), rand(150,255));
        //绘制干扰线
        imagearc($img, rand(-5,$w), rand(-5,$h), rand(20,300), rand(20,200), rand(50,60), rand(40,50), $lineColor);
    }
    for ($i = 0; $i < $n * 30; $i++) {           //绘制背景干扰点
        //设置干扰点颜色 (随机)
        $pointColor = imagecolorallocate($img, rand(150,255), rand(150,255), rand(150,255));
        //绘制干扰点
        imagesetpixel($img, rand(0,$w), rand(0,$h), $pointColor);
    }
```

```
/*
 * 绘图结束，输出图像
 */
header('Content-type: image/png');    //通知浏览器这是一幅图像
imagepng($img);                        //生成 PNG 格式的图像输出给浏览器
imagedestroy($img);                    //销毁该画布
```

示例 7-10 的执行结果如图 7-8 所示。

说明：在上面的脚本中，向客户端浏览器中输出一幅图像，并且可以在浏览器表单中使用。

另外，可以把验证码图像中的字符串保存在服务器端的$_SESSION 中，但首先必须开启 Session 会话才能使用（在第 9 章中有对 Session 会话的详细介绍）。例如：

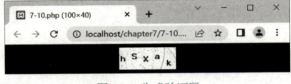

图 7-8　生成验证码

```
session_start();
$_SESSION['vCode'] = $vCode;
```

那么，在提交表单时，只有当用户在表单中输入验证码图像上显示的文字，并和服务器中保留的验证码字符串完全匹配时，表单才可以提交成功。在进行验证码的匹配时，可以事先将客户端提交的验证码与在服务器端存储的验证码都全部转换成了大写，这样就达到了匹配时不区分大小写的目的。

7.3　图像处理

在 Web 开发中，也会经常需要处理服务器中已经存在的图像，例如，根据需求对图像进行缩放、裁剪、加水印等操作。

7.3.1　导入外部图像

在 GD 库中，有一组专门用于导入外部图像的函数：imagecreatefrompng()、imagecreatefromjpeg()、imagecreatefromgif()等。使用这些函数可以打开服务器或网络文件中已经存在的 PNG、JPEG、GIF 图像，如果外部图像载入成功，则返回图像资源，否则返回 false。这些函数的语法格式如下。

```
resource imagecreatefrompng (string filename)
resource imagecreatefromjpeg (string filename)
resource imagecreatefromgif (string filename)
```

说明：参数 filename 指定外部图像的路径。

【示例 7-11】导入一个外部图像，并输出给浏览器。

```
<?php
    //1.设置外部图像的路径及文件名
    $filename = './images/pic.jpg';
    //2.把该图像复制到内存中
    $image = imagecreatefromjpeg($filename);
    //3.生成 jpg 格式的图像输出给浏览器
    header('Content-type: image/jpeg');
    imagejpeg($image);
```

```
//4.销毁图像资源
imagedestroy($image);
```

示例 7-11 的执行结果如图 7-9 所示。

不管使用哪个函数创建的图像资源，用完以后都需要使用 imagedestroy() 函数进行销毁。一旦创建成功，则代表了从给定的文件名取得的图像作为操作的背景资源。

另外，可以使用 getimagesize() 函数获取图像的类型、宽度和高度等信息。其语法格式如下。

图 7-9　导入外部图像

```
array getimagesize (string filename)
```

说明：参数 filename 指定外部图像的路径。如果不能访问 filename 指定的图像或者不是有效的图像，该函数将返回 false；否则返回一个包含图像尺寸等信息的数组，见表 7-2。

表 7-2　getimagesize() 函数的返回值数组元素及其说明

索引	说明
0	图像宽度的像素值
1	图像高度的像素值
2	图像的类型（返回的是数字）。其中：1 = GIF，2 = JPG，3 = PNG，4 = SWF，5 = PSD，6 = BMP，7 = TIFF（intel byte order），8 = TIFF（motorola byte order），9 = JPC，10 = JP2，11 = JPX，12 = JB2，13 = SWC，14 = IFF，15 = WBMP，16 = XBM
3	宽度和高度的字符串（可以直接用于 HTML 中的<img>标签）
mime	图像的 MIME 信息（可以用来在 HTTP Content-type 头信息中发送正确的信息）

【**示例 7-12**】　输出一个外部图像的宽度和高度等信息。

```
<?php
    //1.设置外部图像的路径及文件名
    $filename = './images/pic.jpg';
    //2.获取该图像的宽度和高度等信息
    $info = getimagesize($filename);
    //print_r($info);
    echo '宽度：'.$info[0].'像素<br>';
    echo '高度：'.$info[1].'像素<br>';
    echo '类型：'.$info['mime'];
```

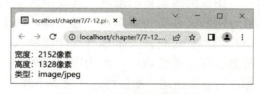

图 7-10　输出外部图像信息

示例 7-12 的执行结果如图 7-10 所示。

7.3.2　图像裁剪

图像裁剪是指在一个大的图像中剪切出一张指定区域的图像，常见的应用是在用户设置个人头像时，可以从上传的图像中裁剪出一个合适的区域作为自己的个人头像图像。

使用 GD 库处理图像裁剪，通常使用 imagecopy() 函数。imagecopy() 函数可以用来复制图像或者图像的一部分。其语法格式如下。

```
bool imagecopy (resource dst_image, resource src_image, int dst_x, int dst_y, int src_x, int src_y, int src_w, int src_h)
```

说明：

● 第 1 个参数 dst_image，指定目标图像。

- 第2个参数 src_image，指定被复制的源图像。
- 第3、4个参数 dst_x、dst_y，指定目标图像开始的坐标(dst_x, dst_y)。
- 第5、6个参数 src_x、src_y，指定复制图像开始的坐标(src_x, src_y)。
- 第7、8个参数 src_w、src_h，指定复制的宽度（从 src_x 开始）和复制的高度（从 src_y 开始）。

【示例 7-13】 图像裁剪。

```
<?php
//1.设置原始图像和裁剪图像的路径及文件名
$src_filename = './images/pic.jpg';
$dst_filename = './images/pic_cut.jpg';
//2.把要操作的图像复制到内存中
$src_image = imagecreatefromjpeg($src_filename);
//3.创建一个 600X400 像素的真彩色的画布
$dst_image = imagecreatetruecolor(600, 400);
//4.从原始图像中的(550,50)开始裁剪 600X400 像素的图像，并复制到新建的画布上
imagecopy($dst_image,$src_image,0,0,550,50,600,400);
//5.生成 jpg 格式的图像输出给浏览器
header('Content-type: image/jpeg');
imagejpeg($dst_image);
//6.生成 jpg 格式的图像保存为文件
imagejpeg($dst_image, $dst_filename);
//7.销毁图像资源
imagedestroy($src_image);
imagedestroy($dst_image);
```

图 7-11 图像裁剪

示例 7-13 的执行结果如图 7-11 所示。

7.3.3 图像缩放

图像缩放也是动态网站开发中必须要处理的任务之一。图像缩放经常和文件上传绑定在一起工作，在上传图像的同时就调整其大小。当然有时也需要单独处理图像缩放，例如在做图像列表时，通常需要在上传图像时，再为图像缩放出一个专门用来做列表的小图标，只有单击这个小图标，才会去下载大图浏览。

7.3.3

使用 GD 库处理图像缩放，通常使用 imagecopyresized()和 imagecopyresampled()函数。这两个函数都可以用来复制图像或者图像的一部分并调整大小，由于使用 imagecopyresampled()函数处理后的图像质量会更好一些，因此这里只介绍 imagecopyresampled()函数的使用方法。其语法格式如下：

```
bool imagecopyresampled (resource dst_image, resource src_image, int dst_x,
int dst_y, int src_x, int src_y, int dst_w, int dst_h, int src_w, int src_h)
```

说明：
- 第1个参数 dst_image，指定目标图像。
- 第2个参数 src_image，指定被复制的源图像。
- 第3、4个参数 dst_x、dst_y，指定目标图像开始的坐标(dst_x, dst_y)。
- 第5、6个参数 src_x、src_y，指定复制图像开始的坐标(src_x, src_y)。

- 第 7、8 个参数 dst_w、dst_h，指定目标图像的宽度和高度。
- 第 9、10 个参数 src_w、src_h，指定复制的宽度（从 src_x 开始）和复制的高度（从 src_y 开始）。

【示例 7-14】 图像缩放。

```
<?php
//1.设置原始图像和缩放图像的路径及文件名
$src_filename = './images/pic.jpg';
$dst_filename = './images/pic_zoom.jpg';
//2.把要操作的图像复制到内存中
$src_image = imagecreatefromjpeg($src_filename);
//3.获取原始图像的宽度和高度
$src_info = getimagesize($src_filename);
//print_r($src_info);
$src_width = $src_info[0];
$src_height = $src_info[1];
//4.设置缩放图像的宽度和高度是原始图像的20%
$dst_width = floor($src_width*0.2);
$dst_height = floor($src_height*0.2);
//5.以缩放图像的宽度和高度创建一个真彩色的画布
$dst_image = imagecreatetruecolor($dst_width, $dst_height);
//6.将原始图像复制到新建的画布上，并按照指定的比例进行缩放
imagecopyresampled($dst_image,$src_image,0,0,0,0,$dst_width,$dst_height,$src_width,$src_height);
//7.生成jpg格式的图像输出给浏览器
header('Content-type: image/jpeg');
imagejpeg($dst_image);
//8.生成jpg格式的图像保存为文件
imagejpeg($dst_image, $dst_filename);
//9.销毁图像资源
imagedestroy($src_image);
imagedestroy($dst_image);
```

示例 7-14 的执行结果如图 7-12 所示。

图 7-12 图像缩放

7.3.4 图像添加水印

为图像添加水印也是图像处理中常见的功能。如果制作图像水印，通常使用 imagecopymerge() 函数。imagecopymerge() 函数可以用来复制并合并成图像的一部分。其语法格式如下。

7.3.4

    bool imagecopymerge (resource dst_image, resource src_image, int dst_x, int dst_y, int src_x, int src_y, int src_w, int src_h , int pct)

说明：
- 第 1 个参数 dst_image，指定目标图像。
- 第 2 个参数 src_image，指定被复制的源图像。
- 第 3、4 个参数 dst_x、dst_y，指定目标图像开始的坐标(dst_x, dst_y)。
- 第 5、6 个参数 src_x、src_y，指定复制图像开始的坐标(src_x, src_y)。
- 第 7、8 个参数 src_w、src_h，指定复制的宽度（从 src_x 开始）和复制的高度（从 src_y 开始）。

- 第 9 个参数 pct，指定调整合并程度，也就是透明度，取值范围为 0～100。当 pct=0 时，则完全透明，图像没有任何变化。

【示例 7-15】 为图像添加水印。

```php
<?php
//1.设置原始图像、水印图像、处理后图像的路径及文件名
$src_filename = './images/pic.jpg';
$water_filename = './images/water.png';
$dst_filename = './images/pic_water.jpg';
//2.把要操作的图像和水印图像复制到内存中
$src_image = imagecreatefromjpeg($src_filename);
$water_image = imagecreatefrompng($water_filename);
//3.获取水印图像的宽度和高度
$water_info = getimagesize($water_filename);
//print_r($water_info);
$water_width = $water_info[0];
$water_height = $water_info[1];
//4.设置水印图像透明
$bgcolor = imagecolorallocate($water_image,255,255,255);
imagefill($water_image,0,0,$bgcolor);
imagecolortransparent($water_image,$bgcolor);
//5.合并图像，水印图像的位置为(800,50)，透明度为 80
imagecopymerge($src_image,$water_image,800,50,0,0,$water_width,$water_height,80);
//6.生成 jpg 格式的图像输出给浏览器
header('Content-type: image/jpeg');
imagejpeg($src_image);
//7.生成 jpg 格式的图像保存为文件
imagejpeg($src_image, $dst_filename);
//8.销毁图像资源
imagedestroy($src_image);
imagedestroy($water_image);
```

示例 7-15 的执行结果如图 7-13 所示。

imagecolortransparent()函数可以用来将图像中的某个颜色定义为透明色。其语法格式如下。

图 7-13 为图像添加水印

```
int imagecolortransparent (resource image [, int color])
```

说明：
- 第 1 个参数 image，指定需要处理的图像。
- 第 2 个参数 color 是可选项，指定通过 imagecolorallocate()函数返回的颜色标识符。

7.4 习题

1. 绘制一个笑脸图形。
2. 以 2×2 的形式把一幅图像平均地裁剪成 4 块，并分别保存为 4 个文件。
3. 制作一张黄山风景照的缩略图。
4. 在黄山风景照上放置一个"迎客松"图像的标志。

第 8 章　PHP 面向对象程序设计

PHP 面向对象实现提供了一个全面的面向对象语言所能提供的所有特性。面向对象的特点为：封装性、继承性、多态性。面向对象符合人类看待事物的一般规律，其编程的代码更简洁、更易于维护，并且具有更强的可重用性。本章学习要点如下。

- 定义一个类并实例化对象
- 访问对象中的成员
- 构造方法和析构方法
- 类的封装性
- 类的继承性
- ::操作符与 static 关键字
- 抽象类和接口
- 魔术方法

8.1　类和对象

PHP 与 C#、Java 一样，都可以采用面向对象的方式设计程序。但 PHP 并不是一个真正的面向对象的语言，而是一个混合型语言，既可以使用面向对象去设计程序，也可以使用传统的过程化进行编程。对于大型项目而言，则需要在 PHP 中使用纯面向对象的思想去进行设计。

8.1

面向对象有两个重要的概念：类和对象。类与对象之间的关系就如同"图纸"与"产品"之间的关系。

类是创建对象的模板，是对对象的抽象，它为属于该类的所有对象提供了统一的抽象描述，其内部包括成员属性和成员方法两个主要部分。

对象是类的实例，可以实例化多个对象，每一个对象都具有该类中定义的内容特性，但它们是相互独立的，对其中任何一个对象的修改，都不会影响到其他对象。

在程序设计时，首先要抽象类，然后再用该类去创建对象，在程序中直接使用的是对象而不是类。

例如，每一辆汽车都是一个对象，那我们可以定义一个汽车类，汽车类中包含品牌、型号等属性，以及启动、行驶、停车等方法。这样，所有的汽车都可以归属于这个类。

8.1.1　定义一个类

类的定义比较简单，使用关键字 class 声明即可。定义一个类的语法格式如下。

```
[类修饰符] class 类名 {
    [类的成员]
}
```

说明：

- 类名的命名规则与变量名、函数名的命名规则一致。

- 类修饰符可以省略，也可以使用诸如 abstract、final 等关键字进行修饰。
- 类的成员包含成员属性和成员方法。

1. 成员属性

在类中直接定义变量就称为成员属性，可以在类中定义多个变量，即对象中有多个成员属性，每个变量都存储对象不同的属性信息。在类中定义成员属性时，变量前面一定要使用 public、private、protected、static 等关键字的修饰来控制成员属性的一些权限，这些关键字的具体功能将会在后面进行详细介绍。

2. 成员方法

在对象中需要定义一些可以操作本对象成员属性的方法，来实现对象的一些行为。在类中直接定义的函数就称为成员方法。可以在类中定义多个函数，对象中就有多个成员方法。成员方法的定义和函数的定义完全一样，不过可以使用 public、private、protected、static 等关键字的修饰来控制成员方法的一些权限。

【示例 8-1】 定义一个 Person 类。

```php
<?php
    class Person{
        public $name;              //存储人的名字
        public $sex;               //存储人的性别
        public $age;               //存储人的年龄
        function say(){            //定义人说话的功能
            echo "这个人在说话！<br>";
        }
        public function run(){     //定义人走路的功能
            echo "这个人在走路！<br>";
        }
    }
```

说明：对象就是把相关属性和方法组织在一起形成一个集合，在定义类时可以根据需求，有选择性地定义成员。其中成员属性和成员方法都是可选的，可以只有成员属性，也可以只有成员方法，也可以没有成员。

8.1.2 实例化对象

因为在程序中不是直接使用类，使用的是通过类创建的对象，所以在使用对象之前，首先要通过定义的类实例化出一个或多个对象。

使用 new 关键字可以将类实例化成对象，然后使用 "->" 操作符来访问对象中的成员属性和成员方法。实例化对象的语法格式如下。

```
$引用名 = new 类名称( [参数列表] )
$引用名 -> 成员属性 = 值
$引用名 -> 成员方法
```

【示例 8-2】 定义一个 Person 类，并实例化出一个对象。

```php
<?php
    // Person 类的定义在此省略
    …
    //通过 Person 类实例化出对象 person
```

```
            $person = new Person();
            $person->name = '张华';        //将对象person中的name属性赋值为:张华
            $person->sex = '男';           //将对象person中的sex属性赋值为:男
            $person->age = 20;             //将对象person中的age属性赋值为:20
            echo "person 对象的名字为：{$person->name}；性别为：{$person->sex}；年龄
为：{$person->age}。<br>";
            $person->say();                //调用对象person中的say()方法
            $person->run();                //调用对象person中的run()方法
```

示例 8-2 的执行结果如图 8-1 所示。

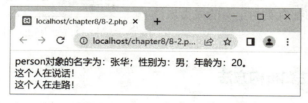

图 8-1　实例化对象

说明：首先直接对对象中的属性赋值，然后分别输出各属性的值；最后再调用对象中的方法。

8.1.3　特殊的对象引用：$this

访问对象中的成员必须通过对象的引用来实现。对象一旦被创建，在对象中的每个成员方法里面都会存在一个特殊的对象引用"$this"，成员方法属于哪个对象，$this 引用就代表哪个对象，专门用来完成对象内部成员之间的访问，即在对象的成员方法中访问自己对象中的成员属性，或者访问自己对象内其他的成员方法。

【**示例 8-3**】　定义一个 Person 类，并实例化出一个对象。（使用$this 引用访问对象内部成员。）

```
<?php
    class Person{
        public $name;              //存储人的名字
        public $sex;               //存储人的性别
        public $age;               //存储人的年龄
        function say(){            //定义人说话的功能
            echo "我的名字为：{$this->name}；性别为：{$this->sex}；年龄为：
{$this->age}。<br>";
        }
        public function run(){     //定义人走路的功能
            echo "{$this->name}在走路！<br>";
        }
    }
    //通过 Person 类实例化出对象 person1
    $person1 = new Person();
    $person1->name = '张华';        //将对象person1中的name属性赋值为:张华
    $person1->sex = '男';           //将对象person1中的sex属性赋值为:男
    $person1->age = 20;             //将对象person1中的age属性赋值为:20
    $person1->say();                //调用对象person1中的say()方法
    $person1->run();                //调用对象person1中的run()方法
    echo '<hr>';
    //通过 Person 类实例化出对象 person2
    $person2 = new Person();
    $person2->name = '李丽';        //将对象person2中的name属性赋值为:李丽
```

```
$person2->sex = '女';      //将对象 person2 中的 sex 属性赋值为：女
$person2->age = 19;         //将对象 person2 中的 age 属性赋值为：19
$person2->say();            //调用对象 person2 中的 say()方法
$person2->run();            //调用对象 person2 中的 run()方法
```

示例 8-3 的执行结果如图 8-2 所示。

说明：通过一个类可以实例化出多个对象，且每个对象都是独立的。使用同一个类创建的多个对象之间是没有联系的，只是它们都属于同一种类型，每个对象内部都有类中定义的成员属性和成员方法。

图 8-2　使用$this 引用访问对象内部成员

8.1.4　构造方法和析构方法

构造方法和析构方法是对象中两个特殊的方法，它们都与对象的生命周期有关。构造方法是对象创建完成后第一个被对象自动调用的方法，而析构方法是对象在销毁之前最后一个被对象自动调用的方法。所以，通常使用构造方法完成一些对象的初始化工作，使用析构方法完成一些对象在销毁前的清理工作。

1．构造方法

在每个类中都有一个称为构造方法的特殊成员方法，可以进行显式地声明，也可以不进行显式地声明。如果没有显式地声明构造方法，则类中都会默认存在一个没有参数列表并且内容为空的构造方法；如果显式地声明构造方法，则构造方法的方法名称必须是以两个下画线开始的"__construct()"。其语法格式如下。

```
function __construct( [参数列表] ) {
    //方法体，通常用来对成员属性进行初始化赋值
}
```

说明：在 PHP 中，同一个类中只能定义一个构造方法。当创建一个对象时，构造方法就会被自动调用一次，即每次使用关键字 new 来实例化对象时都会自动调用构造方法，不能主动通过对象的引用调用构造方法。

2．析构方法

与构造方法相对应的就是析构方法，PHP 将在对象被销毁前自动调用这个方法。析构方法允许在销毁一个对象之前执行一些特定操作，例如关闭文件、释放结果集等。析构方法的定义格式与构造方法相似，也是以两个下画线开头的方法名"__destruct()"，而且不能带有任何参数。其语法格式如下。

```
function __destruct( ) {
    //方法体，通常用来完成一些在对象销毁前的清理工作
}
```

说明：在 PHP 中，析构方法并不是很常用，它是属于类中可选的一部分，只有需要时才在类中定义。

【示例 8-4】定义一个包含构造方法和析构方法的 Person 类，并实例化出一个对象。

```
<?php
    class Person{
```

```php
    public $name;//存储人的名字
    public $sex; //存储人的性别
    public $age; //存储人的年龄
    //定义一个构造方法，参数中使用了默认参数
    public function __construct($name, $sex, $age=19) {
        $this->name = $name;
        $this->sex = $sex;
        $this->age = $age;
    }
    function say(){          //定义人说话的功能
        echo "我的名字为：{$this->name}；性别为：{$this->sex}；年龄为：{$this->age}。<br>";
    }
    //定义一个析构方法，在对象销毁前自动调用
    public function __destruct() {
        echo "再见{$this->name}！<br>";
    }
}
//通过Person类实例化出对象person1,
//并使用构造方法为新创建对象的成员属性赋予初值
$person1 = new Person('张华', '男', 20);
$person1->say(); //调用对象person1中的say()方法
echo '<hr>';
//通过Person类实例化出对象person2,
//并使用构造方法为新创建对象的成员属性赋予初值
$person2 = new Person('李丽', '女');
$person2->say(); //调用对象person2中的say()方法
echo '<hr>';
```

示例 8-4 的执行结果如图 8-3 所示。

说明：由于对象的引用都是存放在栈内存中，由于栈的后进先出的特点，最后创建的对象引用会被最先释放。

图 8-3　构造方法与析构方法的应用

8.2　面向对象的三大特性

面向对象的三大特性为：封装、继承和多态。对象通过封装保护对象中的成员，通过继承对类进行扩展，通过多态机制编写"一个接口，多种实现"的方式。

8.2

8.2.1　封装

封装性是面向对象编程中的三大特性之一，封装就是把对象中的成员属性和成员方法加上访问修饰符，使其尽可能隐藏对象的内部细节，以达到对成员的访问控制（切记不是拒绝访问）。

PHP 支持如下三种访问修饰符。
- public：公有的、默认修饰符。
- private：私有的。

- protected：受保护的。

访问控制修饰符的作用域及其区别见表 8-1。

表 8-1 访问控制修饰符的作用域及其区别

作用域 修饰符	同一个类中	类的子类中	其他外部类中
public（默认）	√	√	√
private	√		
protected	√	√	

1. 公有的访问修饰符 public

使用 public 关键字修饰的成员，本类以及该类的子类中的成员都可以对它进行访问，所有的外部成员也能对它进行访问。如果类的成员没有指定成员访问修饰符，则被视为 public；var 关键字也被解释为 public。相关代码可参考示例 8-4。

2. 私有的访问修饰符 private

使用 private 关键字修饰的成员，本类中的成员都可以对它进行访问，但该类的子类中的成员及所有的外部成员不能对其进行访问。

使用 private 关键字修饰就是实现了对成员的私有封装。封装后的成员在对象的外部不能被访问，但在对象内部的成员方法中可以使用$this 引用访问到被封装的成员属性和被封装的成员方法。

【示例 8-5】 定义一个 Person 类，使用 private 关键字对类中的成员进行封装。然后实例化出一个对象。

```php
<?php
    class Person{
        private $name;      //存储人的名字，该属性被封装
        private $sex;       //存储人的性别，该属性被封装
        private $age;       //存储人的年龄，该属性被封装
        //定义一个构造方法
        public function __construct($name, $sex, $age=19) {
            $this->name = $name;
            $this->sex = $sex;
            $this->age = $age;
        }
        private function say(){     //定义人说话的功能，该方法被封装
            echo "我的名字为：{$this->name}；性别为：{$this->sex}；年龄为：{$this->age}。<br>";
        }
        public function run(){      //定义人走路的功能
            echo "{$this->name}在走路！<br>";
        }
    }
    //通过 Person 类实例化出对象 person,
    //并使用构造方法为新创建对象的成员属性赋予初值
    $person = new Person('张华', '男', 20);
    $person->run();           //run()的方法没有被封装，所以可以在对象外部使用
    echo '<hr>';
    $person->name = '李丽';   //name 属性被封装，不能在对象外部给私有属性赋值
    echo $person->age;        //age 属性被封装，不能在对象外部获取私有属性的值
    $person-> say();          //say()方法被封装，不能在对象外部调用对象中私有的方法
```

说明： 在上面的程序中，使用 private 关键字将成员属性和成员方法封装成私有的之后，就不可以在对象的外部通过对象的引用直接访问了，试图去访问私有成员时将发生错误。

3．保护的访问修饰符 protected

使用 protected 关键字修饰的成员，本类以及该类的子类中的成员都可以对它进行访问，但所有的外部成员不能对它进行访问。protected 关键字的应用在 8.2.2 继承一节中将会有具体的展示。

8.2.2 继承

继承性也是面向对象程序设计中的重要特性之一，在面向对象的领域有着极其重要的作用。

1．类继承的定义

继承的概念是指建立一个新的派生类，从一个先前定义的类中继承其属性和方法，而且可以重新定义或新增类的成员。继承就是对已经存在的类进行扩充、完善、创建新类的过程。我们把被继承的类称为基类，通过继承产生的类称为派生类（又称为父类和子类）。

PHP 只支持单继承，不允许多重继承。一个子类只能有一个父类，不允许一个类直接继承多个类，但一个类可以被多个类继承。不过 PHP 可以有多层继承，即一个类可以继承某一个类的子类，例如，类 B 继承了类 A，类 C 又继承了类 B，那么类 C 也就间接继承了类 A。

在 PHP 中，实现继承的方式就是使用 "extends" 关键字定义派生类。格式如下：

```
[类修饰符] class 子类名 extends 父类名 {
    [新增的类成员]
}
```

说明：

- 子类可以继承父类的所有内容，但是父类中使用 private 关键字修饰的成员不能被继承。
- 子类中新增加的成员属性和成员方法是对父类的扩展。
- 子类中若定义与父类中同名的成员属性或同名的成员方法，表示是对父类中成员属性以及父类中成员方法的覆盖。

【示例 8-6】 定义一个 Person 类，再定义一个继承于 Person 类的子类 Student。然后通过 Student 类实例化出一个对象。

```php
<?php
    //定义一个Person类，定义人的基本的属性和方法，作为父类
    class Person{
        private $name;      //定义人的名字，该属性被封装
        private $sex;       //定义人的性别，该属性被封装
        private $age;       //定义人的年龄，该属性被封装
        //定义父类构造方法
        public function __construct($name, $sex='男', $age=19) {
            $this->name = $name;
            $this->sex = $sex;
            $this->age = $age;
        }
        public function say(){          //定义人说话的功能
            echo "我的名字为：{$this->name}；性别为：{$this->sex}；年龄为：{$this->age}。<br>";
        }
```

```
        }
        //再定义一个Student类，使用extends关键字扩展（继承）Person类
        class Student extends Person {
            public $school;          //定义一个所在学校的成员属性，该属性是公有的
            //在学生类中定义一个学生可以学习的方法（首先调用父类中的say()方法）
            public function study() {
                $this->say();  //访问父类中的公有成员方法
                echo "我正在{$this->school}学习。<br>";
            }
        }
        //通过Student类实例化出对象student，
        //并使用继承过来的构造方法为新创建对象的成员属性赋予初值
        $student = new Student('张华', '男', 20);
        $student->school = 'CCIT';      //给对象student中的公有成员属性赋值
        $student->say();           //调用对象student中的say()方法（从父类中继承下来的）
        echo '<hr>';
        $student->study();         //调用对象student中的study()方法
```

示例 8-6 的执行结果如图 8-4 所示。

说明：在上面的程序中，定义了一个 Person 类，在类中定义了三个成员属性 name、sex 和 age，一个成员方法 say()，以及一个构造方法。当定义 Student 类时使用"extents"关键字把 Person 类中的 say()方法和构造方法继承了过来，并在 Student 类中扩展了一个学生所在学校的成员属性

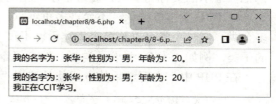

图 8-4　类继承的应用

school 和一个学生学习的方法 study()。所以在 Student 类中现在就存在四个成员属性和两个成员方法，以及一个构造方法。当对 Person 类中的成员进行变动时，继承它的子类也会随之变化。

2．在子类中重写父类的方法

在 PHP 中不能定义重名的函数，也不能在同一个类中定义重名的方法，所以 PHP 没有方法重载。但是在子类中可以定义与父类中同名的方法，意味着在子类中可以把从父类中继承过来的方法重写，即在子类中重写父类中的方法。

【示例 8-7】定义一个 Person 类，再定义一个继承于 Person 类的子类 Student，在子类中重写父类中的方法。然后通过 Student 类实例化出一个对象。

```
        <?php
        //定义一个Person类，定义人的基本的属性和方法，作为父类
        class Person{
            protected $name;         //定义人的名字，该属性是受保护的
            protected $sex;          //定义人的性别，该属性是受保护的
            protected $age;          //定义人的年龄，该属性是受保护的
            //定义父类构造方法
            public function __construct($name, $sex='男', $age=19) {
                $this->name = $name;
                $this->sex = $sex;
                $this->age = $age;
            }
            public function say(){           //定义人说话的功能
                echo "我的名字为：{$this->name}；性别为：{$this->sex}；年龄为：{$this->age}。<br>";
```

```
        }
    }
    //再定义一个Student类，使用extends关键字扩展（继承）Person类
    class Student extends Person {
        public $school;            //定义一个所在学校的成员属性
        //定义一个与父类中同名的方法，覆盖并重写父类中的say()方法
        public function say(){
            echo "我的名字为：{$this->name}；性别为：{$this->sex}；年龄为：{$this->age}。<br>我正在{$this->school}学习。<br>";
        }
    }
    //通过Student类实例化出对象student，
    //并使用继承过来的构造方法为新创建对象的成员属性赋予初值
    $student = new Student('张华', '男', 20);
    $student->school = 'CCIT';
    $student->say();               //调用对象student中覆盖父类并重写的say()方法
```

示例 8-7 的执行结果如图 8-5 所示。

说明：在上面的程序中，在父类 Person 中定义了一个构造方法和一个成员方法 say()，在子类 Student 中覆盖并重写了从父类 Person 中继承过来的成员方法 say()，在子类的 say()方法中除了可以直接调用父类中受保护的成员属性 name、sex 和 age 外，还另外添加了一条说出自己所在学校的代码。

图 8-5　在子类中重写父类中的方法

另外，在子类覆盖父类的方法时一定要注意，在子类中重写的方法的访问权限一定不能低于父类被覆盖的方法的访问权限。例如，如果父类中的方法的访问权限是 protected，那么在子类中重写的方法的权限就要是 protected 或 public；如果父类的方法是 public 权限，那么子类中要重写的方法只能是 public 权限。

3．final 关键字

在 PHP 中，使用 final 关键字修饰的类或者成员方法是不能被更改的。也就是说，使用 final 关键字修饰的类不能被继承，也就不会有子类；使用 final 关键字修饰的成员方法在子类中不可以被重写。

8.2.3　多态

多态是面向对象的三大特性中除封装和继承之外的另一重要特性。多态是指在面向对象中能够对同一个接口做出不同的实现。也就是说，可以让具有继承关系的不同类对象，对相同名称成员方法的调用，可以产生不同的反应效果。

PHP 中的多态相对是比较弱的，有关多态的应用将会在 8.4 抽象类和接口一节中介绍。

8.3　::操作符与 static 关键字

被 const 关键字修饰的成员属性称为常量；被 static 关键字修饰的成员属性称为静态变量，被 static 关键字修饰的成员方法称为静态方法。

8.3

如果要访问 PHP 类中的常量、静态变量和静态方法，则必须使用::操作符。

8.3.1 ::操作符

使用::操作符的通用语法格式如下。

> *关键字*::*变量名*
> *关键字*::*常量名*
> *关键字*::*方法名*

说明：关键字可以是 parent、self 或者类名。
- parent：可以调用父类中的成员变量、成员方法和常量。
- self：可以调用当前类中的静态成员和常量。
- 类名：可以调用本类中的成员变量、成员方法和常量。

【示例 8-8】 ::操作符的应用。

```php
<?php
    //定义一个Person类，同示例8-6。在此省略
    ...
    //再定义一个Student类，使用extends关键字扩展（继承）Person类
    class Student extends Person {
        const SCHOOL = 'CCIT';        //定义一个所在学校的常量
        //定义一个成员方法 saySchool()
        public function saySchool(){
            echo "我正在". self::SCHOOL ."学习。<br>";   //调用本类常量SCHOOL
        }
        //定义一个与父类中同名的方法，覆盖并重写父类中的say()方法
        public function say(){
            parent::say();              //调用父类中成员方法say()
            $this->saySchool();         //调用本类中成员方法saySchool()
        }
    }
    //通过Student类实例化出对象student，
    //并使用继承过来的构造方法为新创建对象的成员属性赋予初值
    $student = new Student('张华', '男', 20);
    $student->say();        //调用对象student中覆盖父类并重写的say()方法
```

示例 8-8 的执行结果与图 8-5 一致。

说明：如果从类的内部访问使用 const 或者 static 修饰的变量或者方法，则使用自引用的 self；反之，如果从类的内部访问没有使用 const 或者 static 修饰的变量或者方法，则使用自引用的$this。

8.3.2 static 关键字

使用 static 关键字修饰的成员属性和成员方法称为静态变量和静态方法。它们不需要实例化为对象就可以访问或调用，直接使用"类名::"的方式即可实现。

静态变量和静态方法都属于类本身，但不属于类的任何实例，相当于存储在类中的全局变量和全局方法，可以在任意位置被调动。另外，由于静态变量不属于任何类的实例，所以，不管有多少个该类的实例，这个静态变量都是唯一的，即使所有该类的实例都被销毁了，该静态

变量存储的值也不会被销毁，始终存在。

【示例 8-9】 静态变量和静态方法的应用。

```php
<?php
    //定义一个Circle类，定义圆的静态变量和静态方法
    class Circle{
        static $pi = 3.14;
        static function getArea($r){        //计算圆的面积
            return self::$pi * $r * $r;
        }
    }
    //调用静态变量和静态方法
    echo "π = ". Circle::$pi ."<br>";
    echo "半径为5 的圆的面积为: ". Circle::getArea(5);
```

示例 8-9 的执行结果如图 8-6 所示。

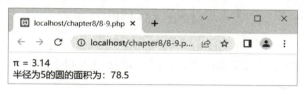

图 8-6　静态变量和静态方法的应用

说明：由于静态方法不需要实例化对象即可使用，所以静态方法只能使用静态变量。可以使用"类名::"或"self::"的方式来访问静态变量或者静态方法。

8.4 抽象类和接口

抽象类和接口，它们都是一种比较特殊的类。抽象类是一种特殊的类，而接口是一种特殊的抽象类。它们通常配合面向对象的多态性一起使用。

8.4.1 抽象类

抽象类是指没有完整实现的类，只能供派生类继承，不能用来创建实例。通常使用抽象类来描述一个类层次的总体框架，就是将抽象类作为子类重载的模板使用，定义抽象类就相当于定义了一种规范，这种规范要求子类去遵守。

抽象类使用 abstract 关键词来修饰，并在类中定义抽象方法。抽象方法就是没有方法体的方法，所谓没有方法体是指在方法定义时没有花括号"{ }"及其中的内容，而是在定义方法时直接在方法名后加上分号";"结束。另外，在定义抽象方法时，也要使用 abstract 关键字来修饰。定义抽象类的语法格式如下。

```
abstract class 类名 {
    abstract function fun1();
    abstract function fun2();
    ...
}
```

说明：
- 在抽象类中也可以有不是抽象的成员方法和成员属性。
- 当子类继承抽象类以后，必须把抽象类中所有的抽象方法按照子类自己的需要去实现。

8.4.2 接口

PHP 只支持单继承，也就是说每个类只能继承一个父类。当一个类继承了另外的一个类以后，它就不能再有其他的父类了。为了解决这个问题，PHP 引入了接口的概念。接口是一种特殊的抽象类，如果抽象类中的所有方法都是抽象方法，那么就可以使用另外一种定义方式——"接口"技术。接口中定义的方法必须都是抽象方法，而且不能在接口中定义变量，但可以使用 const 关键字定义常量，接口中的所有成员都必须具有 public 的访问权限。

接口和抽象类一样也不能实例化对象，它是一种更严格的规范，也需要通过子类来实现。一个类只能有一个父类，但是一个类可以实现多个接口。

1. 接口的定义

接口使用 interface 关键词来修饰，接口定义的语法格式如下。

```
interface 接口名称 {
    //常量成员
    //抽象方法
}
```

说明：
- 接口中所有的方法都要求是抽象方法，所以不需要在方法前使用 abstract 关键字来标识。
- 因为 public 是默认的访问权限，所以不需要显式地使用 public 关键进行修饰。
- 可以直接使用接口名称在接口的外面获取常量成员的值。

【示例 8-10】定义一个接口 Istate，并在接口中定义两个抽象方法。

```
<?php
    //使用interface关键字定义一个接口Istate
    interface Istate {
        function open();     //在接口中定义一个抽象方法open()
        function close();    //在接口中定义一个抽象方法close()
    }
```

2. 接口的实现

如果需要使用接口中的成员，则需要通过子类实现接口中的全部抽象方法，然后创建子类的对象去调用在子类中实现后的方法。

通过类去继承接口时使用 implements 关键字来实现，接口实现的语法格式如下。

（1）实现单个接口

```
class 类名 implements 接口名称 {
    //实现接口中所有的抽象方法
}
```

（2）实现多个接口，多个接口之间使用逗号","隔开

```
class 类名 implements 接口1, 接口2, …, 接口n {
```

       //实现所有接口中的抽象方法
    }

（3）继承一个类的同时实现多个接口

  class 类名 extends 父类名 implements 接口1, 接口2, …, 接口n {
    //实现所有接口中的抽象方法
  }

【示例 8-11】 定义一个接口 Istate，并通过类实现接口中的抽象方法。

```php
<?php
    //使用 interface 关键字定义一个接口 Istate
    interface Istate {
        function open();        //在接口中定义一个抽象方法 open()
        function close();       //在接口中定义一个抽象方法 close()
    }
    //定义一个 Fan 类, 使用 implements 关键字去实现接口 Istate
    class Fan implements Istate {
        private $id;            //定义一个存储电风扇的编号的成员属性
        function __construct($id) {
            $this->id = $id;
        }
        //实现接口中的方法 open()
        function open() {
            echo "编号为 {$this->id} 的电风扇打开了！<br>";
        }
        //实现接口中的方法 close()
        function close() {
            echo "编号为 {$this->id} 的电风扇关闭了！<br>";
        }
    }
    //再定义一个 Lamp 类, 使用 implements 关键字去实现接口 Istate
    class Lamp implements Istate {
        private $id;            //定义一个存储电灯的编号的成员属性
        function __construct($id) {
            $this->id = $id;
        }
        //实现接口中的方法 open()
        function open() {
            echo "编号为 {$this->id} 的电灯打开了！<br>";
        }
        //实现接口中的方法 close()
        function close() {
            echo "编号为 {$this->id} 的电灯关闭了！<br>";
        }
    }
    //然后通过 Fan 类实例化出对象 fan,
    //并使用构造方法为新创建对象的成员属性赋予初值
    $fan = new Fan(21);
    $fan->open();               //调用对象 fan 中已经实现的 open() 方法
    $fan->close();              //调用对象 fan 中已经实现的 close() 方法
    echo '<hr>';
    //然后再通过 Lamp 类实例化出对象 lamp,
    //并使用构造方法为新创建对象的成员属性赋予初值
    $lamp = new Lamp(396);
```

```
    $lamp->open();         //调用对象 lamp 中已经实现的 open()方法
    $lamp->close();        //调用对象 lamp 中已经实现的 close()方法
```

示例 8-11 的执行结果如图 8-7 所示。

图 8-7　通过类实现接口中的抽象方法

说明：除了以上简单的应用以外，还有很多地方可以使用到接口。例如对于一些已经开发好的系统，在结构上进行较大的调整已经不太现实，这时可以通过定义一些接口并追加相应的实现来完成功能结构的扩展。

8.5　魔术方法

在 PHP 中，存在很多以双下画线 "__" 开头的方法，这类方法都被称为魔术方法。例如在之前章节中介绍过的构造方法 "__construct()" 和析构方法 "__destruct()" 等。

8.5

每一个预定义的魔术方法都有它特定的作用。如果要使用这些魔术方法，则需要在类中进行定义，这些魔术方法的作用、方法名称、使用的参数列表和返回值都是在 PHP 中规定好的，但是方法体中的内容需要用户自己按需求进行编写。使用魔术方法时不需要用户直接调用，而是在特定的情况下自动被调用。

8.5.1　__set()方法和__get()方法

一般来说，类中的成员属性都是使用 private 关键字进行封装的，这样更符合现实的逻辑，能够更好地对类中成员起到保护作用。但是，对成员属性的读取和赋值操作也是非常频繁的，因此，在 PHP 中预定义了两个魔术方法 "__set()" 和 "__get()"，用来完成对所有私有成员属性都能获取和赋值的操作。

1．__set()方法

使用 "__set()" 方法可以控制在对象外部为私有的成员属性赋值，但不能获取私有成员属性的值。并且可以在 "__set()" 方法中根据不同的属性，设置一些条件来限制将非法的值赋给私有属性。在类中定义的格式如下。

```
function __set( string name, mixed value ) {
    //方法体
}
```

说明：
- name 参数，为私有属性设置值时的属性名。

- value 参数，为私有属性设置的值。
- 该方法无需任何返回值。

【示例 8-12】 定义一个 Person 类，使用"__set()"方法对私有属性赋值。

```php
<?php
class Person{
    private $name;      //定义人的名字，该属性被封装
    private $sex;       //定义人的性别，该属性被封装
    private $age;       //定义人的年龄，该属性被封装
    /**
    * 定义__set()方法，给私有属性赋值时自动调用，并可以屏蔽一些非法赋值
    * @param  string $propertyName       成员属性名
    * @param  mixed  $propertyValue      成员属性值
    */
    public function __set($propertyName, $propertyValue) {
        if($propertyName == 'sex'){
            //控制 sex 属性值只能为"男"或"女"，否则默认为"男"
            if($propertyValue != '男' && $propertyValue != '女') {
                $propertyValue = '男';
            }
        }
        //根据传入的参数决定为哪个属性赋值
        $this->$propertyName = $propertyValue;
    }
    public function say(){           //定义人说话的功能
        echo "我的名字为：{$this->name}；性别为：{$this->sex}；年龄为：{$this->age}。<br>";
    }
}
//通过 Person 类实例化出对象 person
$person = new Person();
//给 person 对象中的私有属性直接赋值
$person->name = '李丽';    //自动调用了__set()方法为私有属性 name 赋值
$person->sex = '女';       //自动调用了__set()方法为私有属性 sex 赋值
$person->age = 19;         //自动调用了__set()方法为私有属性 age 赋值
$person->say();            //调用 say()方法
```

示例 8-12 的执行结果如图 8-8 所示。

说明：在上面的 Person 类中，将所有的成员属性设置为私有的，并"__set()"方法定义在这个类的里面。在对象外部通过对象的引用就可以直接为私有的成员属性赋值了，看上去就像没有被封装一样。但在赋值

图 8-8 使用"__set()"方法对私有属性赋值

过程中自动调用了"__set()"方法，并将直接赋值时使用的属性名传给了第一个参数，将值传给了第二个参数。通过"__set()"方法间接地为私有属性设置新值，这样就可以在"__set()"方法中通过两个参数为不同的成员属性限制不同的条件，以防对一些私有属性的非法赋值操作。例如在上例中的"__set()"方法中，对对象中的成员属性 name、age 没有进行限制，所以可以为它们设置任意的值；但对对象中的成员属性 sex 限制了只能有"男""女"两个值。

2. __get()方法

使用"__get()"方法可以控制在对象外部获取私有成员属性的值，并且可以在"__get()"

方法中根据不同的属性，设置一些条件来限制对私有属性的非法取值操作。在类中定义的格式如下。

```
function __get( string name ) {
    //方法体
}
```

说明：
- name 参数表示获取私有属性值时的属性名。
- 该方法返回一个处理后的允许对象外部使用的值。

【示例 8-13】定义一个 Person 类，使用 "__get()" 方法获取并返回私有属性的值。

```
<?php
    class Person{
        private $name;    //定义人的名字，该属性被封装
        private $sex;     //定义人的性别，该属性被封装
        private $age;     //定义人的年龄，该属性被封装
        //定义一个构造方法，参数中使用了默认参数
        public function __construct($name, $sex='男', $age=19) {
            $this->name = $name;
            $this->sex = $sex;
            $this->age = $age;
        }
        /**
         * 定义__get()方法，在直接获取属性值时自动调用
         * @param  string $propertyName   成员属性名
         * @return mixed                  返回属性的值
         */
        public function __get($propertyName) {
            if ($propertyName == 'age') {
                return '保密'; //以"保密"替代age属性的值进行返回
            }
            else {
                //对其他属性没有限制，可以直接返回属性的值
                return $this->$propertyName;
            }
        }
    }
    //通过 Person 类实例化出对象 person,
    //并使用构造方法为新创建对象的成员属性赋予初值
    $person = new Person('张华', '男', 20);
    //直接输出 person 对象中各私有属性的值
    echo "姓名：{$person->name}<br>";    //自动调用__get()方法返回私有属性 name 的值
    echo "性别：{$person->sex}<br>";     //自动调用__get()方法返回私有属性 sex 的值
    echo "年龄：{$person->age}";          //自动调用__get()方法以"保密"替代age的值
```

示例 8-13 的执行结果如图 8-9 所示。

说明：在上面的 Person 类中，将所有的成员属性设置为私有的，并将 "__get()" 方法定义在这个类的里面。在通过该类的对象直接获取私有属性的值时，会自动调用 "__get()" 方法间接地获取到值。例如在上例

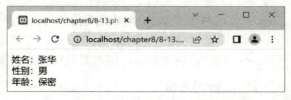

图 8-9 使用 "__get()" 方法返回的私有属性的值

中的"__get()"方法中，没有对 name 和 sex 属性进行限制，所以直接访问就可以获取对象中真实的 name 和 sex 属性的值；但在对象外部获取 age 属性值时，对 age 属性做了限制，隐瞒其真实年龄，以"保密"进行返回。这样，就可以在__get()方法中为不同的成员属性进行限制，以防对一些私有属性的非法取值操作。

8.5.2 __toString()方法

使用"__toString()"方法可以用来将对象转化成字符串，它是在直接输出对象引用时自动调用的方法。在类中定义的格式如下。

```
function __toString( ) {
    //方法体
}
```

【示例 8-14】 __toString()方法的应用。

```php
<?php
    //定义一个Person类
    class Person{
        private $name;           //定义人的姓名
        //定义构造方法
        public function __construct($name) {
            $this->name = $name;
        }
        //定义__toString()方法,用来将对象转化成字符串
        public function __toString() {
            return $this->name;
        }
    }
    //通过Person类实例化出对象person
    $person = new Person('张军');
    echo $person;                //直接输出person对象
```

示例 8-14 的执行结果如图 8-10 所示。

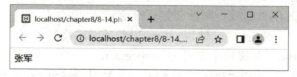

图 8-10 __toString()方法的应用

说明：当对一个对象引用直接输出时，可以使用"__toString()"方法转化成为输出字符串的形式。

8.6 习题

1. 定义一个表示"银行账户"的类 Account。
（1）定义以下成员属性，并使用 private 关键字进行封装。
account（账号）；name（储户姓名）；balance（存款余额）

8.6

（2）定义构造方法，用来给成员属性初始化赋值。

（3）定义存钱方法 deposit()，该方法调用后会显示当前账户的账号、姓名、原有余额、现存入金额以及存入后的账户余额。

（4）定义取钱方法 withdraw()，方法调用后会显示当前账户的账号、姓名、原有余额、现取出金额以及取出后的账户余额。

（5）定义静态变量 minBalance（账户最小余额限制值），设置账户最小余额为 10 元。

（6）在取钱方法 withdraw()中加上以下功能：如果取出后的账户余额小于账户最小余额限制值 minBalance，则提示该操作失败。

（7）获取并显示账户的账号、姓名和存款余额，其中姓名的显示规则如下。如果姓名是两个字符，显示第一个字符"姓"、第二个字符用"*"表示；如果超过两个字符，显示第一个字符"姓"和最后一个字符，其余字符用"*"表示。

（8）给存储余额进行初始化赋值，给存储余额进行初始化赋值，要求所设置的值不能小于 minBalance（账户最小余额限制值），如果小于，则忽略赋值。

（9）实例化 Account 类的对象，并进行相应的测试。

2．定义一个表示"员工"的类 Employee。

（1）定义以下成员属性，并使用 private 关键字进行封装。

empNo（工号）；empName（姓名）；sex（性别）；telephone（电话）

（2）定义构造方法，用来给成员属性初始化赋值。

（3）定义成员方法 show()，用来输出员工的详细信息。

3．定义"销售员"类 Seller，其继承于 Employee 类。

（1）定义一个私有的成员属性 area（销售区域）。

（2）重写构造方法，再增加给成员属性 area 赋予初值的功能。

（3）重写成员方法 show()，再增加将销售员所负责区域输出的功能。

（4）实例化 Seller 类的对象，调用对象中的方法 show()。

4．定义一个表示"动物"的类 Animal。

（1）定义一个私有的成员属性 type（动物类型）。

（2）定义构造方法，用来给成员属性初始化赋值。

（3）定义魔术方法__toString( )，使用 return 语句返回动物的类型。

5．定义一个接口 Irun，在接口中定义方法 speed( )。

6．定义"老虎"类 Tiger 和"狮子"类 Lion，分别继承 Animal 类和实现 Irun 接口。

（1）实现接口中的 speed( )方法，用来返回该类型动物的最大奔跑速度。

（2）实例化 Tiger 类和 Lion 类的对象，分别输出当前的动物类型及其最大奔跑速度。

第 9 章　PHP 与 Web 页面交互

PHP 与 Web 页面交互是实现 PHP 网站与用户交互的重要手段。服务器端脚本语言最常见的应用之一就是处理 HTML 表单，通过表单传递变量最基本的方法是 GET 和 POST。文件的上传是 Web 交互的重要场景之一。同时为了能够识别交互用户的身份，引入了会话机制来跟踪用户。本章学习要点如下。

- 表单的提交与数据获取
- PHP 会话机制
- 文件上传

9.1　PHP 与 Web 页面交互认知

PHP 与 Web 页面交互是实现 PHP 网站与用户交互的重要手段。在 PHP 中，提供了两种与 Web 页面交互的方法：一种是通过 Web 表单提交数据；另一种是直接通过 URL 参数传递数据。

9.1

服务器端脚本语言最常见的应用之一就是处理 Web 表单，通过 Web 表单提交数据有两种方式：POST 和 GET。而直接通过 URL 参数传递数据使用的是 GET 方式。

PHP 针对这两种请求方法，提供了两个预定义数组$_POST 和$_GET，分别用来获取 POST 请求和 GET 请求的参数值。需要说明的是，不管是 POST 方式还是 GET 方式提交的数据，都可以通过预定义数组$_REQUEST 获得。

9.1.1　$_POST[ ]数组

POST 方式传递的数据存储在预定义数组$_POST 中。

POST 方式不依赖于 URL，不会将传递的参数值显示在地址栏中，而是将参数值放置在是 HTTP 包的包体中，这样可以传输更多的内容，传输方法也更加安全，所以 POST 方式通常用于上传一些安全性高的信息。

在 PHP 脚本中获取表单传递的数据时，PHP 变量名称必须与表单域的名称完全一致。例如，表单中有一个文本输入框，其 name 属性的值为"username"，通过 POST 方式提交后，我们可以通过"$_POST['username']"获取到该文本输入框中的内容。

【示例 9-1】　表单以 POST 方式提交用户登录信息。

（1）9-1.html

```
<html>
    <head>
        <meta charset="UTF-8">
        <title></title>
    </head>
    <body>
        <form action="do9-1.php" method="post">
```

```
账号: <input type="text" name="username" /><br/>
密码: <input type="password" name="password" /><br/>
       <input type="submit" value="登录" />
      </form>
    </body>
</html>
```

(2) do9-1.php

```
<?php
    if(!empty($_POST)){
        $username=$_POST["username"];
        $password=$_POST["password"];
        echo "接收到的账号为: ".$username."<br>";
        echo "接收到的密码为: ".$password;
    }
```

示例 9-1 的执行结果如图 9-1 所示。

说明：页面中定义一个表单，以 POST 方式提交用户的账号和密码。输入账号和密码，单击"登录"按钮后，跳转到 do9-1.php 页面。执行结果如图 9-2 所示。

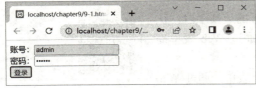

图 9-1　页面表单　　　　　　　　　图 9-2　页面表单提交数据结果

说明：通过键值访问 $_POST 数组中的元素，即可获得提交过来的数据。键值指的是表单中文本输入框的 name 属性值，例如 "username"。

9.1.2　$_GET[ ]数组

GET 方式传递的数据存储在预定义数组 $_GET 中。

GET 方式完全依赖于 URL，参数值会附在 URL 之后，以 "?" 分割 URL 和传输数据，多个参数用 "&" 连接，这种方法传输安全性很低，而且受到 URL 长度的限制，传输内容很小，GET 方式通常用于获取信息，最终效果如同直接通过 URL 参数来传递数据。

【示例 9-2】通过超链接传递用户登录信息。

(1) 9-2.html

```
<html>
    <head>
        <meta charset="UTF-8">
        <title></title>
    </head>
    <body>
        <a href="./do9-2.php?username=admin&password=123456">登录</a>
    </body>
</html>
```

(2) do9-2.php

```
<?php
```

```
if(!empty($_GET)){
    $username=$_GET["username"];
    $password=$_GET["password"];
    echo "接收到的账号为: ".$username."<br>";
    echo "接收到的密码为: ".$password;
}
```

示例 9-2 的执行结果如图 9-3 所示。

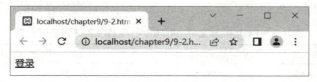

图 9-3　页面超链接

说明：页面中定义一个超链接，通过设置 href 属性来传递用户的账号和密码。单击"登录"后，跳转到 do9-2.php 页面。执行结果如图 9-4 所示。

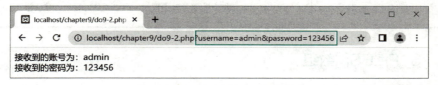

图 9-4　超链接传递数据结果

说明：用户通过键值来访问$_GET 数组中的元素，即可获得传递过来的数据。键值指的是 URL 中的参数名，例如"username"。

9.2　文件上传

在 Web 程序中，文件上传是一个很常用的功能，其目的是可以通过浏览器将文件上传到 Web 服务器上的指定目录中。上传文件时，需要在客户端选择本地磁盘文件，而在 Web 服务器端需要接收并处理来自客户端上传的文件，所以客户端和 Web 服务端都需要进行设置。

9.2.1　上传设置

1．客户端设置

文件上传的最基本方法是在 form 表单中通过<input type = "file">标记选择本地文件进行提交，但是必须给<form>标签中的 method 和 enctype 属性设置相应的值，来完成文件的传递，如下所示。

- method = "POST"：用来指定发送数据的方法。
- enctype = "multipart/form-data"：用来指定表单编码数据的方式，这样服务器就会知道，要传递的是一个文件，并且带有常规的表单信息。

2. 服务端设置

在客户端通过 HTML 表单可以提供本地文件选择,并提供将文件发送给服务器的标准化方式,但并没有提供相关功能来确定文件到达目的地后发生了什么。所以上传文件的接收和后续处理就要通过 PHP 脚本来处理。

文件上传与 PHP 配置文件的设置有关,可以设置 php.ini 文件中的一些参数,用来精确调节 PHP 的文件上传功能。在 PHP 配置文件 php.ini 中与上传文件有关的参数见表 9-1。

表 9-1 PHP 配置文件 php.ini 中与上传文件有关的参数

序号	参数名	默认值	功能描述
1	file_uploads	ON	确定是否开启文件上传功能
2	upload_max_filesize	2M	限制 PHP 处理上传文件大小的最大值。此值必须小于配置参数 post_max_size 的值
3	post_max_size	8M	限制通过 POST 方式可以接受信息的最大值,也就是整个 POST 请求的提交值。此值必须大于配置参数 upload_max_filesize 的值
4	upload_tmp_dir	NULL	上传文件存放的临时路径,可以是一个绝对路径,这个目录对于拥有此服务器进程的用户必须是可写的。默认值 NULL 则表示使用系统的临时目录

9.2.2 $_FILES[ ]数组

表单提交给服务器的数据,可以通过在 PHP 脚本中使用全局数组$_GET、$_POST 或 $_REQUEST 接收。而通过 POST 方式上传的文件有关信息都被存储在多维数组$_FILES 中。文件上传后,首先存储于 Web 服务器的临时目录中,同时在 PHP 脚本中就可以获取到一个 $_FILES 全局数组。$_FILES 数组的第一个下标是表单中<input type = "file">标记的 name 属性值,第二个下标可以是"name""type""size""tmp_name"或"error"。以表单中<input type="file" name="image">标记为例,全局数组$_FILES 中的元素说明见表 9-2。

表 9-2 全局数组$_FILES 中的元素说明

序号	数组元素	描述
1	$_FILES["image"]["name"]	客户端上传文件的原名称,包括扩展名
2	$_FILES["image"]["type"]	客户端上传文件的类型
3	$_FILES["image"]["size"]	已上传文件的大小,单位为字节(Byte)
4	$_FILES["image"]["tmp_name"]	文件被上传后,在 Web 服务器端存储的临时文件名,这是存储在临时目录中时所指定的文件名
5	$_FILES["image"]["error"]	文件上传时产生的错误信息代码,若为 0,则表示没有错误

9.2.3 文件上传处理函数

文件上传成功以后,文件会被放置在 Web 服务器端的临时目录下,文件名是随机生成的临时文件名。该文件在程序执行完后将会自动被删除,在删除前可以像本地文件一样进行操作。PHP 提供了专门用于文件上传处理的 move_uploaded_file()函数,该函数用来把上传的文件从 Web 服务器的临时目录中移动到新的位置,如果目标文件已经存在,将会被覆盖。成功则返回 true,否则返回 false,其语法格式如下。

```
bool move_uploaded_file ( string filename, string destination )
```

说明：
- 参数 filename，指定一个合法的上传文件（即通过 PHP 的 HTTP POST 上传机制所上传的文件）。
- 参数 destination，指定一个移动到目标位置的文件。

为了能够正确上传文件，需要两部分内容：一是设计上传文件表单，其中要包含一个文件上传框和提交按钮。二是编写处理上传文件的代码，用来对上传的文件进行获取和保存。

上传文件处理的步骤如下。

1）获取表单域提交的数据，取得上传文件的临时路径及文件名。
2）获取上传文件的扩展名，构建一个防止重复的新文件名。
3）设置上传文件的文件夹为当前路径的 uploads 目录（事先要创建好）。
4）将有效文件从临时目录移动到指定目录下。

【示例 9-3】 通过表单上传图片。

（1）9-3.html

```html
<html>
    <head>
        <meta charset="UTF-8">
        <title></title>
    </head>
    <body>
        <form action="upload.php" method="post" enctype="multipart/form-data">
            选择文件：<input type="file" name="image"/>
            <input type="submit" value="上传文件" />
        </form>
    </body>
</html>
```

（2）upload.php

```php
<?php
    $path = "./uploads/";                              //设置上传后保存文件的文件夹
    $file = $_FILES['image'];                          //获取上传的文件
    $file_name = $file["name"];                        //获取上传文件的原文件名
    $file_tmp_name = $file["tmp_name"];                //获取上传文件的临时文件名
    $ext = pathinfo($file_name, PATHINFO_EXTENSION);   //获取上传文件的扩展名
    $new_name = date('YmdHms').rand(100,999) . "." . $ext;  //构造不会重复
                                                            //的新文件名

    $file_new_name = $path.$new_name;                  //设置新文件路径
    //将临时文件移动到指定的上传文件夹中
    move_uploaded_file($file_tmp_name, $file_new_name);
    echo "图片上传成功，新的文件名为: ".$new_name;
```

示例 9-3 的执行结果如图 9-5 所示。

说明：选择需要上传的图片，然后单击"上传文件"按钮，则跳转到 upload.php 页面中进行文件上传处理。执行结果如图 9-6 所示。

图 9-5 上传页面

图 9-6 文件上传提示信息

说明：打开当前文件夹下的 uploads 目录，查看是否存在以上文件名的文件，如果存在，则表示文件上传成功。

9.3 会话机制

会话机制是一种面向连接的可靠通信方式，根据会话记录可判断用户的登录行为。例如，在购物网站中，当用户成功登录以后，需要访问商品详情页、购物车页、订单页等多个页面，当这些页面之间互相切换时，还需要能够保持用户登录的状态，并且访问的都是登录用户自己的信息。

HTTP 是无状态的协议，所以不能维护两个事务之间的状态。当一个用户在请求一个页面以后再请求另一个页面时，还需要让服务器知道这是同一个用户，PHP 系统为了解决这个问题，提供了以下三种页面之间传递数据的方法。

- 使用超链接或者 header()函数等重定向的方式。通过在 URL 的 GET 请求中附加参数的形式，将数据从一个页面转向另一个 PHP 脚本中；也可以通过网页中的各种隐藏表单来存储使用者的资料，并将这些信息在提交表单时传递给服务器中的 PHP 脚本使用。
- 使用 Cookie 将用户的状态信息存放在客户端计算机之中，让其他程序通过存取客户端计算机的 Cookie，达到存取目前使用者资料的目的。
- 使用 Session 将用户的状态信息存放于服务器之中，让其他程序通过存取服务器的 Session，达到存取目前使用者资料的目的。

9.3.1 Cookie

Cookie 是在 HTTP 协议下，服务器或脚本可以维护客户端信息的一种方式。Cookie 是一种由服务器发送给客户端的片段信息，存储在客户端浏览器的内存或者硬盘上，常用于保存用户名、密码、个性化设置和个人偏好记录等。当用户访问服务器时，服务器可以设置和访问 Cookie 的信息。PHP 透明地支持 HTTP Cookie，可以利用它在远程浏览器端存储数据并以此来跟踪和识别用户的机制。

9.3.1

1. 创建 Cookie

Cookie 的建立非常简单，只要用户的浏览器支持 Cookie 的功能，就可以使用 PHP 内置的 setCookie()函数来新建立一个 Cookie。其语法格式如下。

```
bool setCookie ( string name, string value [, int expire [, string path [, string domain [, bool secure]]]] )
```

说明：
- 第 1 个参数 name，指定 Cookie 的名称。
- 第 2 个参数 value，指定 Cookie 的值。
- 第 3 个参数 expire 是可选项，指定 Cookie 的有效期。这是一个 UNIX 时间戳，即从 UNIX 纪元开始的秒数；如果省略，则表示在会话结束后就立即失效（即当浏览器关闭时 Cookie 就会自动被删除）。

- 第 4 个参数 path 也是可选项，指定 Cookie 的服务器路径。如果设定为"/"，则在整个 domain 内有效。默认值为设定 Cookie 的当前目录。
- 第 5 个参数 domain 也是可选项，指定 Cookie 的域名。默认值为建立该 Cookie 服务器的网址。
- 第 6 个参数 secure 也是可选项，指定是否通过安全的 HTTPS 连接来传输 Cookie。默认值为 false。

【示例 9-4】 创建 Cookie。

```php
<?php
    setcookie("username", "admin", time()+60*60*24*7);
    setcookie("password", "123456", time()+60*60*24*7);
```

说明：以上代码创建了两个 Cookie：一个名称为"username"，其值为"admin"；另一个名称为"password"，其值为"123456"。有效期都为一周。可以按〈F12〉键进入调试窗口，选择"应用"→"存储"→"Cookie"进行查看。

2. 读取 Cookie

如果 Cookie 创建成功，客户端就拥有了 Cookie 文件，用来保存 Web 服务器为其设置的用户信息。当客户再次访问该网站时，浏览器会自动把与该站点对应的 Cookie 信息全部发回给服务器。任何从客户端发过来的 Cookie 信息，都被自动保存在$_COOKIE 全局数组中，所以在每个 PHP 脚本中都可以从该数组中读取相应的 Cookie 信息。

【示例 9-5】 读取 Cookie。

```php
<?php
    echo "账号：".$_COOKIE['username']."<br>";
    echo "密码：".$_COOKIE['password'];
```

示例 9-5 的执行结果如图 9-7 所示。

3. 删除 Cookie

如果需要删除保存在客户端的 Cookie，也是调用 setCookie()函数来实现。只要使用 setCookie()函数把指定名称的 Cookie 设定为"已过期"状态（即把该 Cookie 的有效期设置为当前日期之前），则系统会自动删除指定名称的 Cookie。

图 9-7 读取 Cookie

【示例 9-6】 删除 Cookie。

```php
<?php
    setcookie("username", "", time()-1);
    setcookie("password", null, time()-1);
```

说明：以上代码中，设置了 Cookie 的有效期为 time()-1，则表示该 Cookie 的有效期在当前时间之前，所以已过期，系统会自动删除指定名称的 Cookie。可以按〈F12〉键进入调试窗口，选择"应用"→"存储"→"Cookie"命令进行查看。

9.3.2 Session

9.3.2

由于 Cookie 是将数据存放在客户端的计算机之中，而用户是有权阻止 Cookie 使用的，一旦这样，Web 服务器将无法通过 Cookie 来跟踪用户信息。

Session 与 Cookie 相似，都是用来储存用户的相关资料，但最大的不同之处在于 Session 是将数据存放于服务器系统之下，用户无法停止 Session 的使用。

在 Web 系统中，Session 通常是指用户与 Web 系统的对话过程。也就是从用户打开浏览器登录到 Web 系统开始，到关闭浏览器离开 Web 系统的这段时间内，同一个用户在 Session 中注册的变量，在会话期间各个 Web 页面中这个用户都可以使用，每个用户使用自己的变量。建议将登录信息等重要信息保存在 Session 中；其他信息若需要保留的，可以保存在 Cookie 中。Cookie 和 Session 的区别见表 9-3。

表 9-3　Cookie 和 Session 的区别

区别	Cookie	Session
存放位置	客户端	服务器端
安全性	不够安全	安全
资源占用	存放在客户端，不占服务器资源	占服务器资源
生命周期	固定时长	每次访问，重新计算时长
文件大小	4KB	不限制

1. 配置 Session

在 PHP 配置文件 php.ini 中，有一组与 Session 相关的配置选项，例如：session.auto_start、session.name、session.use_cookies 等。通过对这些选项设置新值，就可以对 Session 进行配置，否则将使用默认的 Session 配置。

2. 启动 Session

Session 的设置与 Cookie 不同，必须首先启动。在 PHP 中必须调用 session_start()函数，以便 PHP 核心程序把和 Session 相关的内建环境变量预先载入内存中。session_start()函数的语法格式如下。

```
bool session_start( )
```

说明：session_start()函数用来创建 Session，开始一个会话，进行 Session 初始化。当第一次访问网站时，session_start()函数就会创建一个唯一的 Session ID，在会话期间，同一个用户在访问服务器上任何一个页面时，都是使用同一个 Session ID。

可以使用 session_name()函数返回或者设置 Session ID 的标识符，使用 session_id()函数返回或者设置 Session ID 的值。它们的语法格式如下。

```
string session_name ( [string name] )
string session_id ( [string id] )
```

说明：在使用这两个函数之前，必须先要启动 Session。如果没有指定参数，则返回相应的内容；如果指定参数，则设置相应的内容为参数值。

【示例 9-7】　启动 Session，查看 Session ID 的标识符和值。

```
<?php
    session_start();        //启动 Session
    echo "Session ID 的标识符为：".session_name()."<br>";
    echo "Session ID 的值为：".session_id();
```

示例 9-7 的执行结果如图 9-8 所示。

图 9-8　Session 相关信息

3．注册 Session 变量

在 PHP 中使用 Session 变量，除了必须启动，还要经过注册的过程。注册 Session 变量是通过操作$_SESSION 数组完成的。$_SESSION 是一个全局数组，但必须在调用 session_start()函数启动 Session 之后才能使用。

【示例 9-8】　启动 Session，注册 Session 变量。

```
<?php
    session_start();      //启动Session
    /注册两个Session变量
    $_SESSION['username'] = "admin";
    $_SESSION['password'] = "123456";
```

说明：以上代码注册了两个 Session 变量：一个键名为"username"、其值为"admin"；另一个键名为"password"、其值为"123456"。

4．读取 Session 变量

读取 Session 变量也是通过访问$_SESSION 数组完成的。

【示例 9-9】　启动 Session，读取 Session 变量。

```
<?php
    session_start();      //启动Session
    //输出Session变量的值
    echo "账号: ".$_SESSION['username']."<br>";
    echo "密码: ".$_SESSION['password'];
```

示例 9-9 的执行结果如图 9-9 所示。

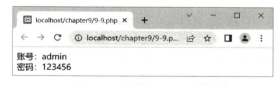

图 9-9　读取 Session 变量

说明：执行以上代码时，要求注册 Session 变量的浏览器窗口不能关闭，否则将访问不到以上 Session 变量。

5．删除 Session 变量

当使用完一个 Session 变量后，可以将其删除。可以使用 unset()函数来释放在 Session 中注册的单个变量；如果想把某个用户在 Session 中注册的变量全部清除，可以使用 session_unset()函数实现。

【示例 9-10】　启动 Session，删除 Session 变量。

```php
<?php
    echo "<pre>";
    session_start();          //启动Session
    echo "删除前：<br>";
    print_r($_SESSION);
    //删除一个Session变量
    unset($_SESSION['password']);
    echo "<br>删除一个Session变量后：<br>";
    print_r($_SESSION);
    //清除所有Session变量
    session_unset();
    echo "<br>清除所有Session变量后：<br>";
    print_r($_SESSION);
```

示例 9-10 的执行结果如图 9-10 所示。

说明：执行以上代码时，要求注册 Session 变量的浏览器窗口不能关闭，否则将访问不到以上 Session 变量。

6．销毁 Session

当完成一个会话后，可以将 Session 销毁。如果用户想退出 Web 系统，就需要提供一个注销的功能，把他的所有信息在服务器中销毁。销毁和当前 Session 有关的所有资料，可以调用 session_destroy()函数结束当前的会话，并清空会话中的所有资源。

图 9-10　删除 Session 变量

【示例 9-11】 启动 Session，销毁当前 Session。

```php
<?php
    session_start();          //启动Session

    //清除所有Session变量
    session_unset();
    //销毁Session
    session_destroy();
```

9.4　习题

1．设计一个 Web 表单，用来计算三个整数的最大值。

2．完善示例 9-3，用以实现多个文件的上传功能。

3．自行设计一个含有验证码的用户登录页面、商品录入页面和商品表格页面，实现商品信息的上传与显示，具体要求为：

（1）判断输入的验证码是否相符，相符后进行账号和密码的验证。

（2）定义一组账号和密码，验证通过后，跳转至商品录入页面。

（3）登录名显示在商品录入页面中。

（4）商品录入页面中包含商品图片的上传，提交后跳转至商品列表页面。

（5）以表格方式显示上传的商品信息。

第 10 章　PHP 操作 MySQL 数据库

PHP 提供了多种访问和操作数据库的方式，最常使用的是 mysqli 扩展和 PDO 对象。其中，mysqli 扩展专门用于 MySQL 数据库，使用简单、稳定高效；PDO 对象支持多种数据库，它定义了一个轻量级、一致性的接口，能够屏蔽不同数据库之间的差异，使得不同数据库间的移植容易实现。本章学习要点如下。

- PHP 连接 MySQL 数据库
- 使用 mysqli 扩展操作 MySQL 数据库
- 使用 PDO 对象操作 MySQL 数据库
- SQL 注入
- 用户信息管理实例

10.1　PHP 连接 MySQL 数据库

MySQL 是与 PHP 配套使用的最流行的开源数据库系统。它们之间是如何交互的呢？这里以网页登录功能为例来说明：客户端表单提交的数据会通过 PHP 编写的代码到数据库表中进行查询验证，然后将验证结果返回给页面。页面与数据库交互流程如图 10-1 所示。

图 10-1　页面与数据库交互流程

PHP 实现编程时，首先要建立与数据库的连接，然后通过 SQL 语句进行数据查询验证。PHP 提供了多种访问和操作数据库的方式，最常使用的是 mysqli 扩展和 PDO 对象。

mysqli（mysql improvement）扩展专门用于 MySQL 数据库，它是 mysql 扩展的增强版，是永远连接函数，多次运行使用同一连接进程，可以减少服务器的开销，所以 mysqli 更稳定、更高效、更安全。

PDO（PHP Data Object）对象支持 MySQL、Oracle、SQL Server、SQLite 等多种数据库，它是一个数据库访问抽象层，统一了各种数据库的访问接口，无论用户使用什么数据库，都可以通过同样的函数执行查询和获取数据，可以方便地进行跨数据库程序的开发以及在不同数据库之间移植。PDO 对象的应用模式如图 10-2 所示。

mysqli 和 PDO 对象的对比见表 10-1。

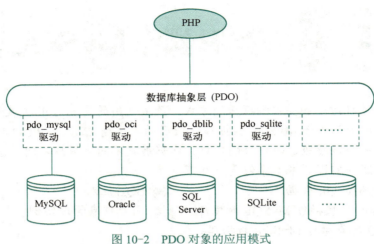

图 10-2　PDO 对象的应用模式

表 10-1　mysqli 与 PDO 对象的对比

区　　别	mysqli	PDO
数据库支持	只支持 MySQL 数据库	支持 MySQL、Oracle、SQL Server、SQLite 等多种数据库
API	面向对象和面向过程	面向对象
连接	简单	简单
支持命名参数	否	是
支持对象映射	是	是
支持预处理	是	是
支持存储过程	是	是

10.1.1　使用 mysqli 扩展连接 MySQL 数据库

mysqli 扩展用于 MySQL 4.1.13 版本或更高的版本。

在实现连接时，mysqli 扩展可分面向对象和面向过程两种方式。

- 面向对象方式：使用关键字 new 基于 mysqli 创建数据库连接对象。
- 面向过程方式：使用 mysqli_connect()函数创建数据库连接对象。

它们的参数含义相同，实现的功能一样，只是语法形式上略有不同。

1．数据准备

下面以 shopData 数据库中的一张 users 表为例，来进行数据库的访问和操作演示。users 表结构如图 10-3 所示。

```
Field      Type              Null   Key   Default   Extra
uid        int(10) unsigned  NO     PRI   NULL      auto_increment
username   char(15)          NO           NULL
password   char(32)          NO           NULL
sex        char(1)           NO           男
email      varchar(40)       YES          NULL
time       datetime          YES          NULL
```

图 10-3　users 表结构

【示例 10-1】　创建 shopdata 数据库和 users 表，并向表中插入 4 条记录。

```sql
CREATE DATABASE IF NOT EXISTS shopdata
DEFAULT CHARACTER SET utf8;
USE shopdata;
CREATE TABLE `users`(
    `uid` INT UNSIGNED NOT NULL AUTO_INCREMENT,
    `username` CHAR(15) NOT NULL,
    `password` CHAR(32) NOT NULL,
    `sex` CHAR(1) NOT NULL DEFAULT '男',
    `email` VARCHAR(40),
    `time` DATETIME,
    PRIMARY KEY(uid)
);
INSERT INTO `users`(`uid`,`username`,`password`,`sex`,`email`,`time`) VALUES
    (1,'熊明','123456','男','xiongwei@qq.com','2021-05-03 08:45:21'),
    (2,'王伟','123456','男','wangwei@qq.com','2021-05-10 21:47:51'),
    (3,'李芳','123456','女','lifang@qq.com','2021-06-01 11:15:20'),
    (4,'张兰','123456','女','zhanglan@qq.com','2021-06-06 17:04:02');
```

说明：创建成功以后，打开 users 表，users 表中数据如图 10-4 所示。

uid	username	password	sex	email	time
1	熊明	123456	男	xiongwei@qq.com	2021-05-03 08:45:21
2	王伟	123456	男	wangwei@qq.com	2021-05-10 21:47:51
3	李芳	123456	女	lifang@qq.com	2021-06-01 11:15:20
4	张兰	123456	女	zhanglan@qq.com	2021-06-06 17:04:02

图 10-4 users 表中数据

2. 面向对象方式

面向对象方式使用关键字 new，基于 mysqli 类来创建一个数据库连接对象。其语法格式如下。

```
new mysqli ([string server[, string username[, string password[, string dbname[, int port[, string socket]]]]]])
```

说明：
- server：可选参数，MySQL 服务器的地址。
- username：可选参数，连接 MySQL 服务器的用户名。
- password：可选参数，连接 MySQL 服务器的用户密码。
- dbname：可选参数，要连接的数据库名。
- port：可选参数，MySQL 服务器的端口号，默认 3306。
- socket：可选参数，使用设置的 socket 或者 pipe。

【示例 10-2】 使用 mysqli 面向对象方式连接 MySQL 数据库。

```php
<?php
    $servername = "localhost";
    $username = "root";
    $password = "secret";
    $conn = new mysqli($servername, $username, $password);
    if ($conn->connect_errno != 0){
        die("数据库连接失败: ".$conn->connect_error);
    }
    echo "数据库连接成功!";
```

示例 10-2 的执行结果如图 10-5 所示。

说明：首先定义连接数据库的参数，然后使用 new 关键字基于 mysqli 创建数据库连接对象$conn。如果$conn 对象的连接错误号属性 connect_errno 的值不为 0，则表示数据库连接

图 10-5　数据库连接成功

失败，可以通过$conn 对象的 connect_error 属性返回出错信息；否则提示连接成功。

3．面向过程方式

面向过程方式使用函数 mysqli_connect()来创建数据库连接对象。其语法格式如下。

```
    mysqli_connect ([string server[, string username[, string password[, string dbname[, int port[, string socket]]]]]])
```

说明：参数的含义同以上的面向对象方式。

【示例 10-3】　使用 mysqli 面向过程方式连接 MySQL 数据库。

```
<?php
    $servername = "localhost";
    $username = "root";
    $password = "secret";
    $conn = mysqli_connect($servername, $username, $password);
    if(!$conn){
        die("数据库连接失败：" . mysqli_connect_error());
    }
    echo "数据库连接成功！";
```

示例 10-3 的执行结果与图 10-5 一致。

说明：首先定义连接数据库的参数，然后使用 mysqli_connect()函数创建数据库连接对象$conn。如果$conn 对象为空，则表示数据库连接失败，可以通过 mysqli_connect_error()函数返回出错信息；否则提示连接成功。

10.1.2　使用 PDO 对象连接 MySQL 数据库

1．PDO 的安装

对任何数据库的操作，并不是使用 PDO 扩展本身执行的，而是针对不同的数据库服务器使用特定的 PDO 驱动程序访问的。

在 Windows 环境中，PHP5.1 以上版本中的 PDO 及主要数据库的驱动与 PHP 一起作为扩展发布，要启用它们只需要简单地编辑 php.ini 文件。首先在 php.ini 文件中查找到相应的选项，如果该选项的前面有使用分号";"注释的，则把该分号";"去除即可。例如：

```
    extension=php_pdo_mysql.dll        //启用 MySQL 驱动程序
    extension=php_pdo_sqlite.dll       //启用 SQLite 驱动程序
    extension=php_pdo_oci.dll          //启用 Oracle 驱动程序
    extension=php_pdo_odbc.dll         //启用 ODBC 驱动程序
```

保存修改后的 php.ini 文件，重启 Apache 服务器即可。

2．创建 PDO 对象连接 MySQL 数据库

在使用 PDO 与数据库交互之前，首先需要创建一个 PDO 对象，用来建立一个与数据库服务器的连接，并选择一个数据库。其语法格式如下。

```
    new PDO ( string dsn [, string username [, string password [, array
driver_options]]] )
```

说明：

- dsn 是必选参数，指定数据源名（DSN），用来定义一个确定的数据库和必须用到的驱动程序。
- username 是可选参数，连接数据库的用户名。
- password 是可选参数，连接数据库的用户密码。
- driver_options 是可选参数，与数据库连接有关的选项，用来传递附加的调优参数到 PDO 或底层驱动程序。

其中，dsn 参数的内容一般包括"PDO 驱动程序的名称:可选的驱动程序的数据库连接变量信息（主机名、端口、数据库名等）"。例如，连接 MySQL 服务器和连接 Oracle 服务器的 dsn 参数分别设置如下。

```
mysql:host=localhost;dbname=shopdata        //mysql 作为驱动前缀
oci:dbname=shopdata;charset=UTF-8           //oci 作为驱动前缀
```

【示例 10-4】 使用 PDO 对象连接 MySQL 数据库。

```
<?php
    $servername = "localhost";
    $username = "root";
    $password = "secret";
    $database = "shopData";
    try{
        $conn = new PDO("mysql:host=$servername;dbname=$database", $username, $password);
        echo "数据库连接成功！";
    }catch(PDOException $e){
        die("数据库连接失败：".$e->getMessage());
    }
```

示例 10-4 的执行结果与图 10-5 一致。

说明： 首先定义连接数据库的参数，然后使用关键字 new 基于 PDO 类创建数据库连接对象$conn。通过使用 try…catch 语句捕获异常，如果出现无法加载驱动程序或者连接失败，则会抛出一个 PDOException 对象$e，可以通过 PDO 异常对象$e 的 getMessage()方法返回出错信息；否则提示连接成功。

10.1.3 关闭数据库连接对象

数据库连接对象在脚本执行完以后会自动关闭，也可以通过编写代码来手动关闭。对于前面使用三种方式所创建的数据库连接对象，关闭语句分别如下。

- mysqli（面向对象方式）：`$conn->close();`
- mysqli（面向过程方式）：`mysqli_close($conn);`
- PDO：`$conn = null;`

10.2 使用 mysqli 扩展操作 MySQL 数据库

当用户访问动态网站时，首先要连接 MySQL 服务器，然后操作数据库中的数据。PHP 实现的动态网页，核心功能在于对数据库中的数据进行增、删、改、查操作。使用 mysqli 扩展执行 SQL 语句，可以完成数据的增、删、改、查操作。其具体流程如图 10-6 所示。

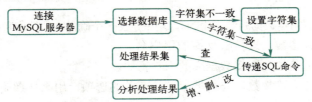

图 10-6　PHP 操作 MySQL 数据库的流程

说明：首先连接 MySQL 服务器，选择所要操作的数据库；然后判断 PHP 和 MySQL 数据库的字符集是否相同，若不相同则设置字符集，以防乱码；最后传递 SQL 命令，执行增、删、改、查操作。

10.2.1　使用 mysqli 扩展执行 SQL 语句

本章节主要讲解使用 mysqli 扩展实现数据的增、删、改操作。

在进行数据操作时，mysqli 扩展可分面向对象和面向过程两种方式。面向对象的方式，主要是使用对象的属性或方法来实现的；而面向过程的方式，主要是通过 mysqli 为前缀的一系列函数来实现的。以使用 mysqli 面向对象的方式实现增、删、改操作为例，其操作流程如下。

10.2.1

1）创建数据库连接对象$conn。
2）使用$conn->query()方法设置字符集为 UTF-8。
3）构造实现数据增、删、改操作的 SQL 语句。
4）使用$conn->query()方法执行 SQL 语句。
5）使用$conn->close()方法关闭数据库连接对象$conn。

1. 选择数据库

在创建数据库连接对象时可以指定数据库，以指定数据库 shopdata 为例，相关代码如下。

```
$conn = new mysqli("localhost", "root", "secret", "shopData");
```

如果在创建数据库连接对象时没有指定数据库，则可以使用以下两种方式进行指定。

- 面向对象方式：`$conn->select_db("shopdata");`
- 面向过程方式：`mysqli_select_db($conn, "shopdata");`

2. 设置字符集

为了防止中文字符出现乱码现象，通常需要通过 SQL 命令来指定其字符集为 UTF-8，可以使用以下两种方式进行设置。

- 面向对象方式：`$conn->query("set names utf8");`
- 面向过程方式：`mysqli_query($conn, "set names utf8");`

3. 构造 SQL 语句

执行数据的增、删、改操作，主要是要构造数据增、删、改的 SQL 语句。关于代码中的 SQL 语句的书写，需要遵循以下几个原则。

- SQL 语句使用双引号括起来。
- SQL 语句中的字符串和日期字段值使用单引号括起来。
- 数值不需要引号。
- NULL 值不需要引号。

4．执行 SQL 语句

SQL 语句构造完成以后，可以使用以下两种方式进行执行。
- 面向对象方式：*$conn->query($sql);*
- 面向过程方式：*mysqli_query($conn, $sql);*

【示例 10-5】 向 users 表中增加记录（mysqli 面向对象方式）。

```php
<?php
    //创建数据库连接对象
    $conn = new mysqli("localhost", "root", "secret");
    if ($conn->connect_errno != 0){
        die("数据库连接失败：".$conn->connect_error);
    }
    $conn->select_db("shopdata");              //选择数据库
    $conn->query("set names utf8");            //设置字符集
    //增加记录
    $time = date('Y-m-d H:i:s');
    $sql = "insert into users(username,password,sex,email,time)
        values('张山','123456','男','zhangshan@qq.com','$time')";
    if ($conn->query($sql)){
        echo "新记录插入成功！";
    }
    else{
        echo "新记录插入失败：".$conn->error;
    }
    $conn->close();          //关闭数据库连接对象
```

示例 10-5 的执行结果如图 10-7 所示。

说明：如果 $conn 对象的 query()方法执行 SQL 语句后的返回值为 false，则表示新记录插入失败，可以通过 $conn 对象的 error 属性返回出错信息；否则提示新记录插入成功。最后可以通过查询数据表中的数据来验证执行结果。

图 10-7 增加记录（mysqli 面向对象方式）

【示例 10-6】 删除 users 表中记录（mysqli 面向过程方式）。

```php
<?php
    //创建数据库连接对象
    $conn = mysqli_connect("localhost", "root", "secret");
    if(!$conn){
        die("数据库连接失败：" . mysqli_connect_error());
    }
    mysqli_select_db($conn, "shopdata");                //选择数据库
    mysqli_query($conn, "set names utf8");              //设置字符集
    //删除记录
    $sql = "delete from users where username='张山'";
    if (mysqli_query($conn, $sql)){
        echo "删除记录成功！";
    }
```

```
    else{
        echo "删除记录失败: ".mysqli_error($conn);
    }
    mysqli_close($conn);        //关闭数据库连接对象
```

示例 10-6 的执行结果如图 10-8 所示。
说明： 可以通过查询数据表中的数据来验证执行结果。

图 10-8 删除记录（mysqli 面向过程方式）

10.2.2 使用 mysqli 扩展执行预处理语句

当一条除参数以外其他部分完全相同的 SQL 语句需要多次执行时，该如何处理呢？针对这种重复执行同一条 SQL 语句，但每次迭代使用不同参数的情况，mysqli 扩展提供了预处理语句的机制。

10.2.2

预处理语句预先将整个 SQL 命令向数据库服务器发送一次，以后只要参数发生变化，数据库服务器只需要对 SQL 命令的结构做一次分析就够了，即编译一次，可以多次执行。这不仅大大减少了需要传输的数据量，还提高了 SQL 命令的处理效率，还可以有效防止 SQL 注入，保证了数据的安全性。

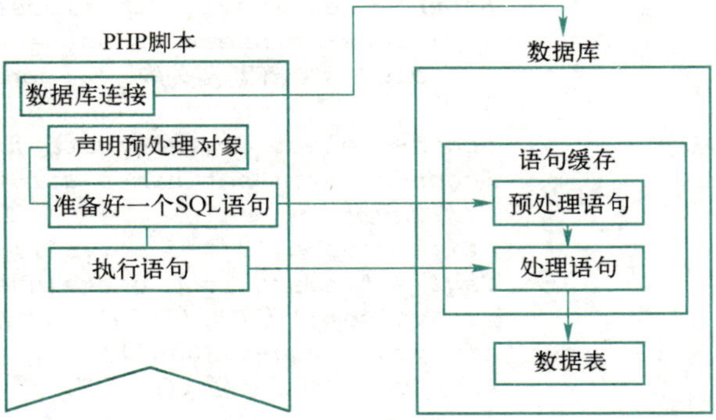

预处理语句的工作过程如图 10-9 所示。

以使用 mysqli 执行预处理语句实现增、删、改操作为例，其操作流程如下。

图 10-9 预处理语句工作过程

1）创建数据库连接对象$conn。
2）构造带有占位符"?"的实现数据增、删、改操作的 SQL 语句模板。
3）使用$conn->prepare()方法预处理 SQL 语句，获得结果集对象并赋值给$rs。
4）使用$rs->bind_param()方法绑定参数，并给参数变量赋值。
5）使用$rs->execute()方法执行 SQL 语句。
6）使用$rs->free_result()方法释放结果集对象$rs，使用$rs->close()方法关闭结果集对象$rs，使用$conn->close()方法关闭数据库连接对象$conn。

1. 预处理 SQL 语句

使用预处理语句，首先需要创建 SQL 语句模板并发送到数据库，预留的值使用占位符"?"标记。例如，使用占位符"?"的 INSERT 语句如下所示。

```
    $sql = "INSERT INTO users (username, password, email) VALUES (?, ?, ?)";
```

说明： 插入到数据表中的值使用"?"代替，"?"的个数与字段数相同。

然后使用数据库连接对象的 prepare()方法来预处理 SQL 语句，表示在数据库服务器的缓存区等待处理，生成一个结果集对象（mysqli_stmt 对象）。

预处理 SQL 语句如下所示。

```
    $rs = $conn->prepare($sql);
```

2. 绑定参数

调用结果集对象的 bind_param()方法，把参数变量绑定到 SQL 语句中的"?"占位符上。

bind_param()方法的语法格式如下。

```
bool mysqli_stmt::bind_param(string types, mixed &var1[, mixed &var2 ...])
```

说明：
- 第 1 个参数 types 是必选项，指定参数的数据类型，若有多个参数，则依次指定。指定类型主要包含以下四种：i - integer（整型）、d - double（双精度浮点型）、s - string（字符串）、b - BLOB（binary large object：二进制大对象）。
- 第 2 个参数 var11 也是必选项，提供一个变量名给指定参数的占位符，因为该参数是按照引用传递的，所以只能提供变量作为参数，不能直接提供常量值。若有多个参数，则从第 2 个参数开始依次提供。

绑定参数语句如下。

```
$rs->bind_param("sss", $username, $password, $email);
```

3. 执行 SQL 语句

当预处理好 SQL 语句并绑定了相应的参数，且给参数变量赋值以后，就可以通过调用结果集对象的 execute()方法，反复执行在数据库缓存区准备好的语句了。

执行 SQL 语句如下。

```
$rs->execute();
```

【示例 10-7】 向 users 表中增加记录（使用 mysqli 预处理语句）。

```php
<?php
    //创建数据库连接对象
    $conn = new mysqli("localhost", "root", "secret");
    if ($conn->connect_errno != 0){
        die("数据库连接失败：".$conn->connect_error);
    }
    $conn->select_db("shopdata");            //选择数据库
    $conn->query("set names utf8");          //设置字符集
    //1.预处理 SQL 语句
    $sql="insert into users(username,password,sex,email,time)values (?,?,?,?,?)";
    $rs = $conn->prepare($sql);
    //2.绑定参数
    $rs->bind_param('sssss',$username,$password,$sex,$email,$time);
    $username = "张霞";
    $password = "123456";
    $email = "zhangxia@qq.com";
    $sex = "女";
    $time = date('Y-m-d H:i:s');
    //3.执行语句
    $rs->execute();
    if ($rs->errno == 0){
        echo "新记录插入成功！";
    }
    else{
        echo "新记录插入失败：".$rs->error;
    }
    //4.释放并关闭结果集对象，关闭数据库连接对象
    $rs->free_result();
    $rs->close();
    $conn->close();
```

说明：执行以后，可以通过查询数据表中的数据来验证执行结果。

10.2.3　使用 mysqli 扩展解析结果集

在实际应用中，查询功能是非常重要的应用。可以使用 mysqli 执行 SQL 语句，或者使用 mysqli 执行预处理语句两种方式来实现。

1．使用 mysqli 执行 SQL 语句实现查询

在进行数据查询时，mysqli 扩展同样也可分面向对象和面向过程两种方式。以使用 mysqli 面向对象的方式实现查询为例，其操作流程如下。

1）创建数据库连接对象$conn。
2）使用 select 语句从数据表中查询字段值。
3）使用$conn->query()方法执行 SQL 语句，获得查询结果集并赋值给$rs。
4）可以使用$rs->num_rows 属性获取结果集的记录数。
5）使用循环执行$rs->fetch_assoc()方法，每循环一次，把结果集中一条记录放入到关联数组$row 中，通过 $row["字段名"] 取得当前行字段值。
6）使用$rs->free_result()方法释放结果集对象$rs，使用$conn->close()方法关闭数据库连接对象$conn。

mysqli 面向对象的方式与面向过程的方式对比见表 10-2。

表 10-2　mysqli 面向对象的方式与面向过程的方式对比

序号	属性和方法 （面向对象）	函数名 （面向过程）	描　　述
1	connect()	mysqli_connect()	打开一个到 MySQL 服务器的新的连接
2	connect_errno	mysqli_connect_errno()	返回上一次连接错误的错误号
3	connect_error()	mysqli_connect_error()	返回上一次连接错误的错误描述
4	close()	mysqli_close()	关闭先前打开的数据库连接
5	select_db()	mysqli_select_db()	选择数据库
6	query()	mysqli_query()	执行某个针对数据库的查询
7	prepare()	mysqli_prepare()	准备执行一个 SQL 语句
8	num_rows	mysqli_num_rows()	返回记录行数
9	fetch_assoc()	mysqli_fetch_assoc()	从结果集中取得一行作为关联数组返回
10	fetch_row()	mysqli_fetch_row()	从结果集中取得一行作为索引数组返回
11	fetch_array()	mysqli_fetch_array()	从结果集中取得一行作为关联数组或索引数组，或者二者兼有。可以通过指定参数值 MYSQLI_ASSOC、MYSQLI_NUM、MYSQLI_BOTH 进行设置
12	fetch_all()	mysqli_fetch_all()	从结果集中取得所有行作为关联数组或者索引数组，或者二者兼有。可以通过指定参数值 MYSQLI_ASSOC、MYSQLI_NUM、MYSQLI_BOTH 进行设置

【示例 10-8】　查询并输出 users 表中所有记录。

```
<!DOCTYPE html>
<html>
<head>
    <meta charset="UTF-8"
```

```
        <title>Document</title>
    </head>
    <body>
        <table width="100%" border="1" cellspacing="0" cellpadding="3">
            <caption><h2>用户信息</h2></caption>
            <tr bgcolor="#DDDDDD">
                <th>用户名</th><th>密码</th><th>性别</th>
            </tr>
            <?php
                //创建数据库连接对象
                $conn = new mysqli("localhost", "root", "secret");
                if ($conn->connect_errno != 0){
                    die("数据库连接失败：".$conn->connect_error);
                }
                $conn->select_db("shopdata");          //选择数据库
                $conn->query("set names utf8");        //设置字符集
                //查询记录
                $sql = "select username,password,sex from users";
                $rs = $conn->query($sql);
                //获取记录数
                //echo $rs->num_rows;
                //通过循环获取结果集中的数据
                while($row = $rs->fetch_assoc()){
            ?>
            <tr>
                <td><?php echo $row['username'] ?></td>
                <td><?php echo $row['password'] ?></td>
                <td><?php echo $row['sex'] ?></td>
            <tr>
            <?php
                }
                //释放结果集对象，关闭数据库连接对象
                $rs->free_result();
                $conn->close();
            ?>
        </table>
    </body>
</html>
```

示例 10-8 的执行结果如图 10-10 所示。

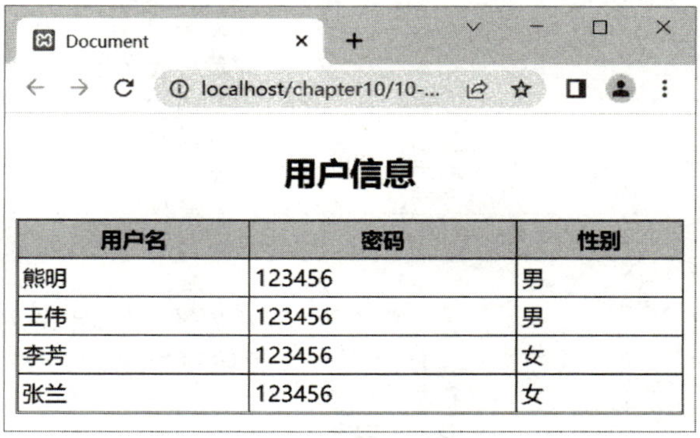

2. 使用 mysqli 执行预处理语句实现查询

以使用 mysqli 执行预处理语句实现查询为例，其操作流程如下。

1）创建数据库连接对象$conn。

2）构造带有占位符"?"的实现数据查询操作的 SQL 语句模板。

图 10-10　查询并输出 users 表中所有记录

3）使用$conn->prepare()方法预处理 SQL 语句，获得结果集对象并赋值给$rs。

4）使用$rs->bind_param()方法绑定参数，并给参数变量赋值。

5）使用$rs->bind_result()方法将结果集中的列绑定到指定变量。

6）使用$rs->execute()方法执行 SQL 语句。

7）可以使用$rs->num_rows 属性获取结果集的记录数（需要事先使用$rs->store_result()方法取回全部查询结果）。

8）使用循环执行$rs->fetch()方法，每循环一次，把结果集中一条记录放入到指定的变量中，通过变量取得当前行字段值。

9）使用$rs->free_result()方法释放结果集对象$rs，使用$rs->close()方法关闭结果集对象$rs，使用$conn->close()方法关闭数据库连接对象$conn。

【示例 10-9】 查询并输出 users 表中性别为"男"的记录。

```
<!DOCTYPE html>
<html>
<head>
    <meta charset="UTF-8">
    <title>Document</title>
</head>
<body>
    <table width="100%" border="1" cellspacing="0" cellpadding="3">
        <caption><h2>用户信息</h2></caption>
        <tr bgcolor="#DDDDDD">
            <th>用户名</th><th>密码</th><th>性别</th>
        </tr>
        <?php
            //创建连接对象
            $conn = new mysqli("localhost", "root", "");
            if ($conn->connect_errno != 0){
                die("数据库连接失败: ".$conn->connect_error);
            }
            $conn->select_db("shopdata");         //选择数据库
            $conn->query("set names utf8");       //设置字符集
            //1.预处理SQL 语句
            $sql = "select username,password,sex from users where sex=?";
            $rs = $conn->prepare($sql);
            //2.绑定参数
            $rs->bind_param('s',$selsex);
            $selsex = "男";
            //3.绑定结果集的列到变量
            $rs->bind_result($username,$password,$sex);
            //4.执行语句
            $rs->execute();
            //获取记录数
            //$rs->store_result();   //取回全部查询结果
            //echo $rs->num_rows;
            //5.使用循环获取结果集中的数据
            while($rs->fetch()){
        ?>
        <tr>
            <td><?php echo $username ?></td>
            <td><?php echo $password ?></td>
            <td><?php echo $sex ?></td>
        <tr>
        <?php
            }
            //6.释放并关闭结果集对象，关闭数据库连接对象
```

```
            $rs->free_result();
            $rs->close();
            $conn->close();
        ?>
        </table>
    </body>
</html>
```

示例 10-9 的执行结果如图 10-11 所示。

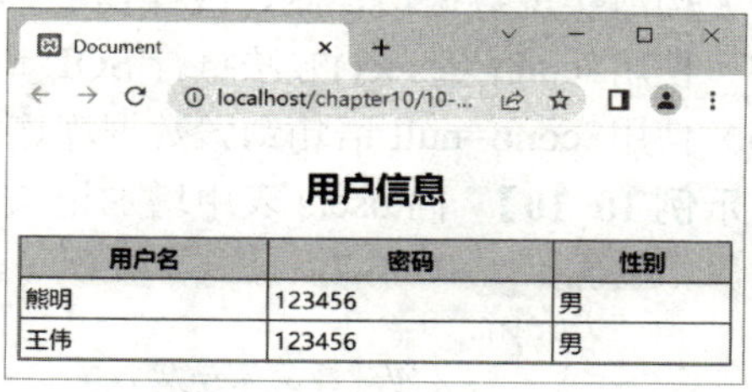

图 10-11　查询并输出 users 表中性别为 "男" 的记录

10.3　使用 PDO 对象操作 MySQL 数据库

当 PDO 对象创建成功以后，与数据库的连接已经建立，就可以使用该对象了。PHP 与数据库服务器之间的交互，主要通过 PDO 对象中的成员方法来实现。该对象中的成员方法见表 10-3。

表 10-3　PDO 类中的成员方法

序号	方法名	描述
1	getAttribute()	获取数据库连接对象的属性
2	setAttribute()	设置数据库连接对象的属性
3	exec()	执行一条 SQL 语句，并返回所影响的记录数
4	query()	执行一条 SQL 语句，并返回一个 PDOStatement 对象
5	prepare()	预处理要执行的 SQL 语句
6	lastInsertId()	获取插入到表中的最后一条记录的主键值
7	quote()	对 SQL 字符串中的引号等进行转义
8	beginTransaction()	开始一个事务，标明回滚起始点
9	commit()	提交一个事务，并执行 SQL 语句
10	rollback()	回滚一个事务
11	errorCode()	获取错误码
12	errorInfo()	获取错误的详细信息
13	getAvailableDrivers()	获取有效的 PDO 驱动器名称

说明：在表 10-3 中，从 PDO 对象中提供的成员方法可以看出，使用 PDO 对象可以完成与数据库服务器之间的连接管理、查询执行、预处理语句、事务处理和错误处理等操作。

10.3.1　使用 PDO 对象执行 SQL 语句

当执行 INSERT、UPDATE 和 DELETE 等没有结果集的 SQL 语句时，使用 PDO 对象中的 exec()方法去执行。该方法执行成功后，将返回受影响的行数。

以使用 PDO 对象执行 SQL 语句实现增、删、改操作为例，其操作流程如下。

1）创建数据库连接对象$conn。

2）使用$conn->exec()方法设置字符集为 UTF-8。

3）构造实现数据增、删、改操作的 SQL 语句。
4）使用$conn->exec()方法执行 SQL 语句。
5）使用$conn=null 语句销毁数据库连接对象$conn。

【示例 10-10】 向 users 表中增加记录（使用 PDO 对象）。

```
<?php
    try{
        //创建数据库连接对象
        $conn = new PDO("mysql:host=localhost;dbname=shopdata", "root", "secret");
    }catch(PDOException $e){
        die("数据库连接失败: ".$e->getMessage());
    }
    $conn->exec("set names utf8");        //设置字符集
    //增加记录
    $time = date('Y-m-d H:i:s');
    $sql = "insert into users(username,password,sex,email,time)
        values('李明','123456','男','liming@qq.com','$time')";
    if ($conn->exec($sql)){
        echo "新记录插入成功!";
    }
    else{
        echo "新记录插入失败: <br>";
        print_r($conn->errorInfo());
    }
    //销毁数据库连接对象
    $conn=null;
```

说明：执行以后，可以通过查询数据表中的数据来验证执行结果。

10.3.2 使用 PDO 对象执行预处理语句

PDO 也提供了预处理语句（Prepared Statement）的机制。PDO 对预处理语句的支持需要使用 PDOStatement 类对象，但该类的对象并不是通过 NEW 关键字实例化出来的，而是通过执行 PDO 对象中的 prepare()方法，在数据库服务器中准备好一个预处理的 SQL 语句后直接返回的。PDOStatement 类中的成员方法见表 10-4。

10.3.2

表 10-4　PDOStatement 类中的成员方法

序 号	方 法 名	描　述
1	bindColumn()	绑定一个变量到查询结果集中指定的列，这样每次获取各行记录时，会自动将相应的列值赋给该变量
2	bindParam()	绑定一个变量到用作预处理 SQL 语句中的对应命名占位符或问号占位符
3	bindValue()	绑定一个值到用作预处理的 SQL 语句中的对应命名占位符或问号占位符
4	closeCursor()	关闭游标，使语句能再次被执行
5	columnCount()	返回结果集中的列的数目
6	debugDumpParams()	打印一条 SQL 预处理命令
7	errorCode()	获取错误码
8	errorInfo()	获取错误的详细信息

（续）

序号	方法名	描述
9	execute()	执行一条预处理语句
10	fetch()	返回结果集中下一行的记录，并将结果集指针移至下一行，当到达结果集末尾时返回 FALSE
11	fetchAll()	返回一个包含结果集中所有行的数组
12	fetchColumn()	返回结果集中下一行的某个列的值，当达到结果集末尾时返回 FALSE
13	fetchObject()	获取下一行并作为一个对象返回
14	getAttribute()	获取预处理语句的一个属性
15	getColumnMeta()	返回结果集中某个列的元数据
16	nextRowset()	推进到下一个行集（结果集）
17	rowCount()	返回受上一条 SQL 语句影响的记录行数
18	setAttribute()	设置预处理语句的属性
19	setFetchMode()	设置结果集数据的获取模式

以使用 PDO 对象执行预处理语句实现增、删、改操作为例，其操作流程如下。

1）创建数据库连接对象$conn。

2）构造带有占位符（"问号参数"或"命名参数"）的实现数据增、删、改操作的 SQL 语句模板。

3）使用$conn->prepare()方法预处理 SQL 语句，获得结果集对象并赋值给$rs。

4）使用$rs->bindParam()方法绑定参数，并给参数变量赋值。

5）使用$rs->execute()方法执行 SQL 语句。

6）使用$rs=null 语句销毁结果集对象$rs，使用$conn=null 语句销毁数据库连接对象$conn。

1. 预处理 SQL 语句

PDO 对象支持两种使用占位符的语法，一种是"问号参数"，即"?"；另外一种是"命名参数"，即":"后面加上一个标识符，标识符一定要有意义，最好与对应的字段名称相同。例如，使用"问号参数"作为占位符的 INSERT 语句如下所示。

```
$sql = "INSERT INTO users (username, password, email) VALUES (?, ?, ?)";
```

使用"命名参数"作为占位符的 INSERT 语句如下所示。

```
$sql = "INSERT INTO users (username, password, email) VALUES
    (:username, :password, :email)";
```

然后使用数据库连接对象的 prepare()方法来预处理 SQL 语句，生成一个结果集对象（PDOStatement 对象）。

预处理 SQL 语句如下所示。

```
$rs = $conn->prepare($sql);
```

2. 绑定参数

调用 PDOStatement 类对象的 bindParam()方法，把参数变量绑定到预处理好的占位符上。bindParam()方法的语法格式如下。

```
bool PDOStatement::bindParam ( mixed parameter, mixed &variable [, int data_type [, int length [, mixed driver_options ]]] )
```

说明：

● 第 1 个参数 parameter 是必选项，指定一个参数标识符。对于使用"命名参数"的预处理语句，应使用类似":name"形式的参数名；对于使用"问号参数"的预处理语句，应使用以 1 开始索引的参数位置。
- 第 2 个参数 variable 也是必选项，提供一个变量名给指定参数的占位符。因为该参数是按照引用传递的，所以只能提供变量作为参数，不能直接提供常量值。
- 第 3 个参数 data_type 是可选项，显式地指定参数的数据类型。可以为下列值。
  - PDO::PARAM_STR：表示 SQL 中的 char、varchar 及其他字符串数据类型。默认值。
  - PDO::PARAM_BOOL：表示 SQL 中的 boolean 数据类型。
  - PDO::PARAM_INT：表示 SQL 中的 integer 数据类型。
  - PDO::PARAM_LOB：表示 SQL 中的大对象数据类型。
  - PDO::PARAM_NULL：表示 SQL 中的 NULL 类型。
- 第 4 个参数 length 也是可选项，指定数据类型的长度。
- 第 5 个参数 driver_options 也是可选项，指定与数据库驱动程序有关的特定选项。

绑定"问号参数"语句如下所示。

```
$rs->bindParam(1, $username);
$rs ->bindParam(2, $password);
$rs ->bindParam(3, $email);
```

绑定"命名参数"语句如下所示。

```
$rs->bindParam(':username', $username);
$rs ->bindParam(':password', $password);
$rs ->bindParam(':email', $email);
```

3．执行 SQL 语句

当预处理好 SQL 语句并绑定了相应的参数且给参数变量赋值以后，就可以通过调用结果集对象的 execute()方法执行了。

执行 SQL 语句如下所示。

```
$rs->execute();
```

【示例 10-11】 删除 users 表中用户名为"李明"的记录（使用 PDO 预处理语句）。

```
<?php
    try{
        //创建数据库连接对象
        $conn=new PDO("mysql:host=localhost;dbname=shopdata","root","secret");
    }catch(PDOException $e){
        die("数据库连接失败: ".$e->getMessage());
    }
    $conn->exec("set names utf8");        //设置字符集
    //1.预处理 SQL 语句
    $sql = "delete from users where username=:username";
    $rs = $conn->prepare($sql);
    //2.绑定参数
    $rs->bindParam(':username',$username);
    $username = '李明';
    //3.执行语句
    $rs->execute();
    if ($rs->errorCode() == 0){
        echo "记录删除成功！";
```

```
    }
    else{
        echo "记录删除失败：<br>";
        print_r($rs->errorInfo());
    }
    //4.销毁结果集对象和数据库连接对象
    $rs=null;
    $conn=null;
```

说明：执行以后，可以通过查询数据表中的数据来验证执行结果。

10.3.3 使用 PDO 对象解析结果集

PDO 的数据获取，不管是使用 PDO 对象中的 query()方法，还是使用 prepare()和 execute()方法结合的预处理语句，只要成功执行了 SELECT 查询，都会得到相同的结果集对象 PDOStatement，而且都需要通过 PDOStatement 类对象中的方法将数据遍历出来。

1．使用 PDO 执行 SQL 语句实现查询

以使用 PDO 执行 SQL 语句实现查询为例，其操作流程如下。

1）创建数据库连接对象$conn。
2）使用 select 语句从数据表中查询字段值。
3）使用$conn->query()方法执行 SQL 语句，获得查询结果集并赋值给$rs。
4）可以使用$rs->rowCount()方法获取结果集的记录数。
5）使用循环执行$rs->fetch()方法，每循环一次，把结果集中一条记录放入到关联数组$row 中，通过 $row["字段名"] 取得当前行字段值。
6）使用$rs=null 语句销毁结果集对象$rs，使用$conn=null 语句销毁数据库连接对象$conn。

【示例 10-12】 查询并输出 users 表中所有记录。

```
<!DOCTYPE html>
<html>
<head>
    <meta charset="UTF-8">
    <title>Document</title>
</head>
<body>
    <table width="100%" border="1" cellspacing="0" cellpadding="3">
        <caption><h2>用户信息</h2></caption>
        <tr bgcolor="#DDDDDD">
            <th>用户名</th><th>密码</th><th>性别</th>
        </tr>
        <?php
            try{
                //创建数据库连接对象
                $conn = new PDO("mysql:host=localhost;dbname=shopdata","root", "secret");
            }catch(PDOException $e){
                die("数据库连接失败：".$e->getMessage());
            }
            $conn->exec("set names utf8");        //设置字符集
```

```php
            //查询记录
            $sql = "select username,password,sex from users";
            $rs = $conn->query($sql);
            //获取记录数
            //echo $rs->rowCount();
            //使用循环获取结果集中的数据
            while($row = $rs->fetch()){
        ?>
        <tr>
            <td><?php echo $row['username'] ?></td>
            <td><?php echo $row['password'] ?></td>
            <td><?php echo $row['sex'] ?></td>
        <tr>
        <?php
            }
            //销毁数据库连接对象
            $conn=null;
        ?>
    </table>
</body>
</html>
```

说明：该示例功能与示例 10-8 相同。

2. 使用 PDO 执行预处理语句实现查询

以使用 PDO 执行预处理语句实现查询为例，其操作流程如下。

1）创建数据库连接对象$conn。
2）构造带有占位符的实现数据查询操作的 SQL 语句模板。
3）使用$conn->prepare()方法预处理 SQL 语句，获得结果集对象并赋值给$rs。
4）使用$rs->bindParam()方法绑定参数，并给参数变量赋值。
5）使用$rs->execute()方法执行 SQL 语句。
6）可以使用$rs->rowCount()方法获取结果集的记录数。
7）使用循环执行$rs->fetch()方法，每循环一次，把结果集中一条记录放入到指定的变量中，通过变量取得当前行字段值。
8）使用$rs=null 语句销毁结果集对象$rs，使用$conn=null 语句销毁数据库连接对象$conn。

【**示例 10-13**】 查询并输出 users 表中性别为"男"的记录。

```php
<!DOCTYPE html>
<html>
<head>
    <meta charset="UTF-8">
    <title>Document</title>
</head>
<body>
    <table width="100%" border="1" cellspacing="0" cellpadding="3">
        <caption><h2>用户信息</h2></caption>
        <tr bgcolor="#DDDDDD">
            <th>用户名</th><th>密码</th><th>性别</th>
        </tr>
        <?php
            try{
```

```
            //创建数据库连接对象
            $conn = new PDO("mysql:host=localhost;dbname=shopdata",
"root", "");
        }catch(PDOException $e){
            die("数据库连接失败:".$e->getMessage());
        }
        $conn->exec("set names utf8");        //设置字符集
        //1.预处理SQL语句
        $sql = "select username,password,sex from users where sex= :sex";
        $rs = $conn->prepare($sql);
        //2.绑定参数
        $rs->bindParam(':sex',$sex);
        $sex = '男';
        //3.执行语句
        $rs->execute();
        //获取记录数
        //echo $rs->rowCount();
        //4.使用循环获取结果集中的数据
        while($row = $rs->fetch()){
    ?>
        <tr>
            <td><?php echo $row['username'] ?></td>
            <td><?php echo $row['password'] ?></td>
            <td><?php echo $row['sex'] ?></td>
        <tr>
        <?php
            }
        //5.销毁结果集对象和数据库连接对象
        $rs=null;
        $conn=null;
    ?>
    </table>
</body>
</html>
```

说明:该示例功能与示例10-9相同。

10.4 SQL 注入

SQL 注入就是通过把 SQL 命令插入到 Web 表单提交或输入到域名页面请求的查询字符串中,最终达到欺骗服务器执行恶意 SQL 命令的目的。SQL 注入通常是由于在执行 SQL 语句时,对用户通过 Web 表单提交的数据或者通过 URL 参数传递的数据没有进行特殊字符的过滤处理等,导致了 SQL 注入的发生。

10.4

PHP 中防止 SQL 注入最简单的办法就是使用预处理语句。因为预处理语句事先已经编译了语句,传递的参数是不参与解释的。

10.4.1 SQL 注入演示

以根据用户 Id(uid)查询 users 表中数据为例,来演示 SQL 注入的过程。

【示例 10-14】 SQL 注入示例。

```php
<?php
    header("Content-Type:text/html; charset=utf-8");

    if(!empty($_GET['uid'])){
        $uid = $_GET['uid'];
    }else{
        $uid = 1;
    }
    //创建数据库连接对象
    $conn = new mysqli("localhost", "root", "secret");
    if ($conn->connect_errno != 0){
        die("数据库连接失败: ".$conn->connect_error);
    }
    $conn->select_db("shopdata");              //选择数据库
    $conn->query("set names utf8");            //设置字符集
    //根据$uid 查询记录
    $sql = "select uid,username,password from users where uid=".$uid;
    $rs = $conn->query($sql);
    //使用循环获取结果集中的数据
    while($row = $rs->fetch_assoc()){
        echo $row['uid']."-".$row['username']."-".$row['password']."<br>";
    }
    //释放结果集对象，关闭数据库连接对象
    $rs->free_result();
    $conn->close();
```

示例 10-14 的执行结果如图 10-12 所示。

说明：首先判断从地址栏中请求的 URL 参数"uid"是否为空，如果不为空，则把该参数的值赋给变量$uid；否则设置变量$uid 为默认值"1"，所以页面显示的是用户 Id（uid）为 1 的用户信息。程序的本意是根据地址栏参数"uid"的值在 users 表中查询用户 Id（uid）为该值的记录。

代码中使用最简单的拼接方法构造 SQL 语句，然后通过 query 方法执行 SQL 语句。

通过在地址栏中给参数"uid"设置不同的值，可以达到查询出不同用户 Id（uid）的记录。例如，设定参数"uid"为"2"，则可查询出用户 Id（uid）为 2 的用户信息。执行结果如图 10-13 所示。

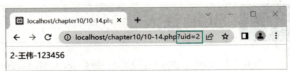

图 10-12　查询结果（uid=1，默认）　　　　图 10-13　查询结果（uid=2）

如果给参数"uid"设置了一个非法值，例如，设定参数"uid"为"2 or 1=1"，则产生如图 10-14 所示的执行结果。

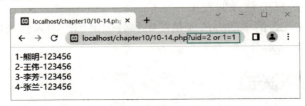

图 10-14　查询结果（SQL 注入攻击实现）

说明： 以上执行结果显示出了所有的用户信息，则表明 SQL 注入攻击实现。

从以上两次执行结果来看，拼接 SQL 语句时，如果给参数 "uid" 设置一个正常值，不改变 SQL 语句的本意，则正常执行条件查询，返回结果正确；但是当用户有意将参数 "uid" 设置为一些经过巧妙设计的值时，结果就不一样了。当设定 "2 or 1=1" 时，相当于就是 "2 or true"，最终值为 true，则表示 where 条件永真，相当于执行了全表查询，原来的 SQL 查询被篡改了。

直接 SQL 命令注入是攻击者常用的一种创建或修改已有 SQL 语句的技术，从而达到取得隐藏数据，或覆盖关键的值，甚至执行数据库主机操作系统命令的目的，SQL 注入过程如图 10-15 所示。

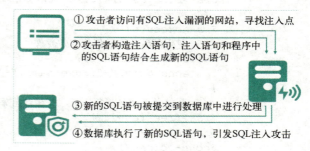

图 10-15　SQL 注入过程

10.4.2　预防 SQL 注入

大数据时代的背景下，信息安全问题备受重视，网络和信息安全牵涉到国家安全和社会稳定，没有网络安全就没有国家安全。随着 B/S 模式应用技术的迅猛发展以及数据库在 Web 中的广泛应用，SQL 注入逐渐成为黑客对数据库进行攻击的最常用的手段之一。

作为程序开发人员，在开发时，一定要充分考虑对用户输入的数据进行合法性验证，尽可能消除应用程序出现的安全隐患。在 PHP 中，为预防 SQL 注入，在编程时应注意以下几点要求：

1）不要信任外部数据（不是由程序员在 PHP 代码中直接输入的任何数据）。

2）来自任何其他来源的数据都要采取措施确保安全（数据来源包括 GET 变量、表单 POST、配置文件和会话变量等）。

3）不要使用直接拼接 SQL 语句的方式进行查询；推荐使用 mysqli 或 PDO 预处理语句的参数化查询。

【示例 10-15】 使用预处理语句预防 SQL 注入。

```php
<?php
    header("Content-Type:text/html; charset=utf-8");

    if(!empty($_GET['uid'])){
        $uid = $_GET['uid'];
    }else{
        $uid = 1;
    }
    //创建连接对象
    $conn = new mysqli("localhost", "root", "secret");
    if ($conn->connect_errno != 0){
        die("数据库连接失败：".$conn->connect_error);
    }
    $conn->select_db("shopdata");          //选择数据库
    $conn->query("set names utf8");         //设置字符集
    //1.预处理SQL 语句
    $sql = "select uid,username,password from users where uid=?";
```

```
    $rs = $conn->prepare($sql);
    //2.绑定参数
    $rs->bind_param('s',$uid);
    //3.绑定结果集的列到变量
    $rs->bind_result($uid,$username,$password);
    //4.执行语句
    $rs->execute();
    //5.使用循环获取结果集中的数据
    while($rs->fetch()){
        echo $uid."-".$username."-".$password."<br>";
    }
    //6.释放并关闭结果集对象，关闭数据库连接对象
    $rs->free_result();
    $rs->close();
    $conn->close();
```

在地址栏中把参数"uid"的值设定为"2 or 1=1"，示例 10-15 的执行结果如图 10-16 所示。

图 10-16　查询结果（预防 SQL 注入攻击）

说明：以上执行结果只显示出了用户 Id（uid）为 2 的用户信息，没有显示全表数据，SQL 注入无效，表明预处理语句对预防 SQL 注入是有效的。

10.5　用户信息管理实例

在 Web 项目中，几乎所有模块都要与数据表打交道，而对表的管理无非就是增、删、改、查等操作，所以熟练掌握这些操作是非常必要的。本实例使用 mysqli 扩展实现对数据库的访问操作。

1．需求分析

本实例主要使用 Web 页面对数据库中用户信息进行管理，一般包含用户列表显示、添加、删除和修改用户信息。

本实例的具体需求说明如下。

1）用户列表页：通过一个数据表格显示从 users 中查询的用户记录，并给每一个用户提供"编辑"和"删除"的超链接入口。

2）用户添加页：通过表单实现用户数据的录入，提交表单后添加到 users 表中，并在用户列表页中显示最新的用户信息。

3）用户修改页：在用户列表页单击"编辑"超链接，跳转到修改页，表单显示要修改的记录旧值，页面模板同用户添加页面，修改用户信息并提交表单后更新到 users 表中，同时刷新用户列表页，显示最新的用户信息。

4）用户删除页：在用户列表页单击"删除"超链接，弹出确认对话框，单击"确定"后记

录从 users 表中删除，同时刷新用户列表页，显示最新的用户信息。

本实例实现的思路如下。

1）需求分析：分析并列出本实例的详细功能。

2）数据准备：设计并创建数据库和用户表。

3）页面模板：设计并实现首页和添加用户的页面模板。

4）公共文件：考虑到多个页面都要与数据库交互，编写一个数据库连接的公共配置文件 conn.php，以提高编码效率。

5）程序设计：基于模板页面，编写代码实现增、删、改、查功能。

2. 数据准备

使用之前创建的 shopData 数据库，以及其中的用户表 users。

```
users (uid, username, password, sex, email, time)
```

3. 页面模板

页面模板可以自己设计，也可以到网上查找，比如模板王、模板之家等网站，选择合适的模板进行下载，然后再按照需求稍做修改即可。

4. 公共文件

创建数据库连接的公共配置文件 conn.php，用来实现对 shopData 数据库的连接。其代码如下。

```php
<?php
    //连接数据库
    $conn=new mysqli("localhost","root","secret");
    if ($conn->connect_errno != 0){
        die("连接失败: ".$conn->connect_error);
    }
    $conn->select_db("shopdata");              //选择数据库
    $conn->query("set names utf8");            //设置字符集
```

说明：本脚本中的代码，供其他页面进行增、删、改、查操作时调用共享代码中定义的对象 $conn。

5. 程序设计

根据需求，本实例需要三个可操作的页面，分别为用户列表页、用户添加页和用户修改页，添加记录、修改记录和删除记录的操作都需要提交给指定的控制文件去处理。本实例需要创建的文件及说明见表 10-5。

表 10-5　用户信息管理的文件结构

序号	文件名	描述
1	index.php	主页，显示用户信息列表
2	userAdd.php	添加用户表单，提交给 doUserAdd.php 脚本处理
3	userUpdate.php	修改用户表单，提交给 doUserUpdate.php 脚本处理
4	doUserAdd.php	处理添加用户表单
5	doUserUpdate.php	处理修改用户表单
6	doUserDelete.php	处理删除用户操作
7	conn.php	数据库连接公共配置文件

设置本实例的站点文件夹为 **userManage**，整个站点中的文件层次结构如图 10-17 所示。

其中 css、fonts、images、js 文件夹中为网页效果支撑素材。

需要说明的是，由于篇幅限制，以下章节中，本实例的代码不会完全列出，列出的只是重要、核心的代码，详细完整的代码请查看与教材配套的电子文档。

图 10-17　站点文件层次结构

10.5.1　用户列表主页面

用户列表主页面默认以数据表格的形式显示全部的用户记录，每条记录显示为表格中的一行，记录的字段一一填充在表格的单元格中。用户列表主页面如图 10-18 所示。

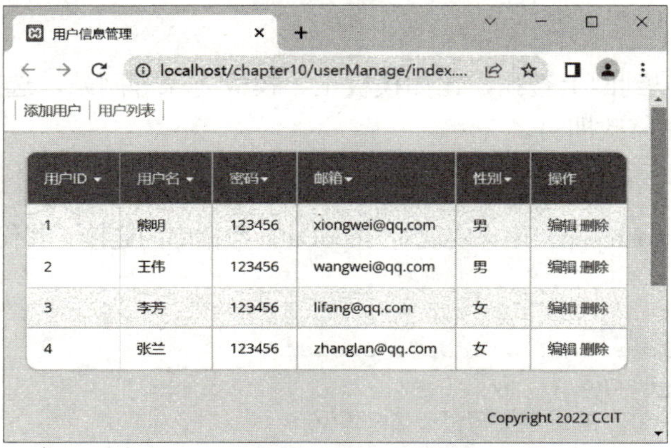

图 10-18　用户列表主页面

单击"用户列表"菜单项，也可显示如上页面。在该页面中，提供了添加用户和用户列表两个菜单项，以及每一条用户记录的删除和编辑表单的入口链接。用户列表主页面对应的脚本文件为 index.php，其主要代码如下。

```
……
<thead>
    <tr>
        <td><a href="">用户 ID <span class="caret"></span></a></td>
        <td><a href="">用户名 <span class="caret"></span></a></td>
        <td><a href="">密码<span class="caret"></span></a></td>
        <td><a href="">邮箱<span class="caret"></span></a></td>
        <td><a href="">性别<span class="caret"></span></a></td>
        <td>操作</td>
    </tr>
</thead>
<tbody>
    <?php
        include_once "./dao/conn.php";   //包含创建数据库连接对象的脚本文件
        //开始数据查询操作
        $sql = "select uid,username,password,sex,email,time from users";
        $rs = $conn->query($sql);
        while($row = $rs->fetch_assoc()){
```

```
        ?>
        <tr>
            <td><?php echo $row['uid'] ?></td>
            <td><?php echo $row['username'] ?></td>
            <td><?php echo $row['password'] ?></td>
            <td><?php echo $row['email'] ?></td>
            <td><?php echo $row['sex'] ?></td>
            <td><a href="userUpdate.php?uid=<?php echo $row['uid'] ?>">编辑</a>
            <a href="./dao/doUserDelete.php?uid=<?php echo $row['uid'] ?>" onclick="return confirm('确实要删除吗？');">删除</a></td>
        </tr>
        <?php
            }
            $rs->free_result();
            $conn->close();
        ?>
    </tbody>
……
```

10.5.2 添加用户

当单击用户列表主页面（index.php）中的"添加用户"菜单项，显示如图 10-19 所示的添加用户页面，用来实现用户信息的添加功能。

添加用户页面对应的脚本文件为 userAdd.php，其主要代码如下。

图 10-19　添加用户页面

```
……
<form action="./dao/doUserAdd.php" method="post">
    ……
    <label>用户名</label>
    <input type="text" name="username" />
    ……
    <label>密码</label>
    <input type="password" name="password" />
    ……
    <label>邮箱</label>
    <input type="email" name="email" />
    ……
    <label>性别</label>
    ……
    <input type="radio" name="sex" value="男" checked />
    <label><span></span>男</label>
    ……
    <input type="radio" name="sex" value="女" />
    <label><span></span>女</label>
    ……
    <button type="submit">添加</button>
    <button type="reset">重置</button>
    ……
</form>
……
```

说明：该页面中通过一个表单收集用户输入的数据，单击"添加"按钮后提交给 doUserAdd.php 脚本处理，在 doUserAdd.php 脚本中，实现把通过表单提交过来的用户信息保存到数据库的 users 表中，添加成功以后跳转至主页（index.php）。doUserAdd.php 脚本中的代码如下。

```php
<?php
    //添加用户信息
    if (!empty($_POST)){
        $username = $_POST['username'];
        $password = $_POST['password'];
        $email = $_POST['email'];
        $sex = $_POST['sex'];
        $time = date('Y-m-d H:i:s');

        include_once "./conn.php";   //包含创建数据库连接对象的脚本文件
        $sql = "insert into users(username,password,sex,email,time) values (?,?,?,?,?)";
        $rs = $conn->prepare($sql);
        $rs->bind_param('sssss',$username,$password,$sex,$email,$time);   //绑定参数

        $rs->execute();
        if ($rs->errno != 0){
            die("添加数据失败：".$rs->error);
        }
        $rs->free_result();
        $rs->close();
        $conn->close();
        //添加成功以后跳转到用户列表页(index.php)
        header("location:../index.php");
    }
```

10.5.3 删除用户

当单击用户列表主页面（index.php）中某一条记录后面的"删除"按钮时（以用户 ID 为 2 的记录为例），通过确认对话框提醒用户是否把当前用户记录进行删除。如图 10-20 所示。

10.5.3

图 10-20　删除用户确认对话框

当单击确认对话框中的"确定"按钮后，将提交给 doUserDelete.php 脚本处理。在

doUserDelete.php 脚本中，首先获取通过 URL 参数传递过来的用户 ID（uid），然后把该用户 ID（uid）的记录从数据库的 users 表中删除，删除成功以后跳转至主页（index.php）。doUserDelete.php 脚本中的代码如下。

```php
<?php
//删除用户信息
$uid = $_GET['uid'];
include_once "./conn.php";   //包含创建数据库连接对象的脚本文件
$sql = "delete from users where uid=?";
$rs = $conn->prepare($sql);
$rs->bind_param('i',$uid);   //绑定参数
$rs->execute();
if ($rs->errno != 0){
    die("删除数据失败：".$rs->error);
}
$rs->free_result();
$rs->close();
$conn->close();
//删除成功以后跳转到用户列表页（index.php）
header("location:../index.php");
```

10.5.4 修改用户信息

当单击用户列表主页面（index.php）中某一条记录后面的"编辑"按钮时（以用户 ID 为 2 的记录为例），显示如图 10-21 所示的修改用户信息页面，用来实现用户信息的修改功能。

图 10-21　修改用户信息

在以上页面中，首先从 users 表中查询出用户 ID 为 2 的用户信息，然后把这些数据分别填充到对应的表单元素中。修改用户信息页面对应的脚本文件为 userUpdate.php，其主要代码如下所示。

```
...
<?php
```

```php
        $uid = $_GET["uid"];
        include_once "./dao/conn.php";   //包含创建数据库连接对象的脚本文件
        $sql = "select username,password,sex,email,time from users where uid=?";
        $rs = $conn->prepare($sql);
        $rs->bind_param("i",$uid);   //绑定参数
        $rs->bind_result($username,$password,$sex,$email,$time);
                                                //绑定结果集的列到变量
        $rs->execute();
        $rs->fetch();    //获取结果集中的数据
        $rs->free_result();
        $rs->close();
        $conn->close();
    ?>
    <form action="./dao/doUserUpdate.php" method="post">
        ...
        <label>用户名</label>
        <input type="text" name="username" value="<?php echo $username ?>" />
        ...
        <label>密码</label>
        <input type="password" name="password" value="<?php echo $password ?>" />
        ...
        <label>邮箱</label>
        <input type="email" name="email" value="<?php echo $email ?>" />
        ...
        <label>性别</label>
        ...
        <input type="radio" name="sex" value="男" <?php if($sex==" 男"){echo "checked";} ?> />
        <label><span></span>男</label>
        ...
        <input type="radio" name="sex" value="女" <?php if($sex==" 女"){echo "checked";} ?> />
        <label><span></span>女</label>
        ...
        <button type="submit">修改</button>
        <button type="reset">重置</button>
        ...
        <input type="hidden" name="uid" value="<?php echo $uid ?>" />
    </form>
    ...
```

说明：根据需要修改表单中的数据，单击"修改"按钮后提交给 doUserUpdate.php 脚本处理，在 doUserUpdate.php 脚本中，首先获取通过表单中的隐藏域元素（< input type="hidden" >）传递过来的用户 ID（uid），然后在 users 表中把该用户 ID（uid）的记录修改为通过表单传递过来的数据，修改成功以后跳转至主页（index.php）。doUserUpdate.php 脚本中的代码如下。

```php
        <?php
            //修改用户信息
            if (!empty($_POST)){
                $uid = $_POST['uid'];
                $username = $_POST['username'];
                $password = $_POST['password'];
                $email = $_POST['email'];
                $sex = $_POST['sex'];
```

```
            $time = date('Y-m-d H:i:s');
            include_once "./conn.php";  //包含创建数据库连接对象的脚本文件
            $sql = "update users set username=?,password=?,sex=?,email=?,time=? where uid=?";
            $rs = $conn->prepare($sql);
            $rs->bind_param("sssssi",$username,$password,$sex,$email,$time,$uid);
            $rs->execute();
            if ($rs->errno != 0){
                die("修改数据失败: ".$rs->error);
            }
            $rs->free_result();
            $rs->close();
            $conn->close();
            //修改成功以后跳转到用户列表页(index.php)
            header("location:../index.php");
        }
```

10.6 习题

参考用户信息管理实例，实现一个简单的商品信息管理网站，包括商品信息列表、添加商品信息、修改商品信息、删除商品信息等操作，但是在对商品信息进行管理之前，用户必须首先要进行登录。

一、数据准备

数据库 shopData 中原有的 users 表用来保存登录用户的信息，再创建一张 products 数据表，用来保存商品信息。表中数据见表 10-6。

products(id,productNo,productName,categoryName,price,stock,image)

表 10-6 商品表（products）

商品编号	商品名称	商品种类名称	单价	库存量	图片
P01001	洗发水	日用品	20	450	
P01002	沐浴露	日用品	17.9	321	
P02001	食盐	调料	2.5	215	
P02002	味精	调料	9.7	363	
P03001	雪碧	饮料	2.2	862	
P03002	冰红茶	饮料	2.8	659	

二、实现功能

1. 用户登录。
2. 商品信息列表。
3. 添加商品（包含上传商品图片）。
4. 修改商品。
5. 删除商品。
6. 更改用户登录密码。

提 高 篇

第 11 章　Laravel 框架基础

Laravel 是一套简洁优雅、基于 MVC 模式、开源的 PHP Web 开发框架，Laravel 功能强大，工具齐全，受欢迎程度非常高。使用 Laravel 框架可以快速搭建 Web 服务器，提升应用开发效率，常用来开发大型 Web 应用。本章学习要点如下。
- Laravel 框架的特点
- 如何安装 Laravel 框架
- Laravel 框架的目录结构
- 配置虚拟主机
- Laravel 框架的路由
- Laravel 框架的控制器
- Laravel 框架的视图
- Laravel 框架的中间件

11.1　Laravel 框架安装与配置

11.1.1　Laravel 框架对服务器的要求

Laravel 是一款典型的 PHP 框架，在完成 PHP 开发环境的搭建后，就可以进行 Laravel 框架的安装了。本教材基于 Laravel 6.x 版本进行讲解，该版本要求运行环境的 PHP 版本必须不低于 7.2.5。

Laravel 官网：https://laravel.com

Laravel 中文社区：https://learnku.com/docs/laravel

11.1（1）

在安装 Laravel 框架前，还需要确保在 php.ini 文件中开启如下应用扩展库：openssl、pdo_mysql、mbstring、bcmath、ctype、json、tokenizer、xml。如果使用的是 XAMPP 作为 PHP 开发和运行环境，则以上这些扩展默认都是开启的。

11.1（2）

11.1.2　包管理工具 Composer

Composer 是 PHP 的一个依赖包管理工具，其功能跟 Node.js 中的 npm 包管理工具类似。在 PHP 项目中声明的所有依赖代码库，都可以通过从 Composer 自动下载安装到 PHP 项目中。

1. Windows 下安装 Composer

进入 Composer 中文网（https://www.phpcomposer.com），下载并运行安装程序 Composer-

Setup.exe，根据安装向导的提示安装即可。

2. 验证 Composer 是否安装成功

打开一个命令行窗口，输入"composer"命令后按〈Enter〉键，如果显示如图 11-1 所示的界面，则表示 Composer 安装成功。

3. 配置国内镜像

图 11-1 Composer 安装成功提示信息

由于 Composer 的资源库 packagist 是国外网站，在国内访问速度会很慢，甚至出现不能完整下载的情况。因此，为了加快下载速度，通常需要使用 Composer 的 config 指令配置下载镜像为国内服务器。配置方式如下。

```
composer config -g repo.packagist composer https://packagist.phpcomposer.com
```

说明：其中的 https://packagist.phpcomposer.com 为国内镜像服务器，也可以使用 https://mirrors.aliyun.com/composer。

11.1.3 使用 Composer 安装 Laravel 框架

使用 Composer 包管理工具的 create-project 指令从镜像服务器下载 Laravel 框架项目，可以实现 Laravel 框架的安装。语法格式如下。

```
composer create-project --prefer-dist laravel/laravel[=版本号] 项目名称
```

说明：
- --prefer-dist：表示以压缩的方式下载，可以提高下载速度。
- laravel/laravel：表示 Laravel 在 Composer 的默认包仓库网站中的包名。
- [=版本号]：表示安装 Laravel 的版本号，例如"=6.x"，则表示安装 Laravel6 系列中的最新版本；如果省略，则表示安装 Laravel 的最新版本。
- 项目名称：表示 Laravel 工程项目的名称，最终会将 Laravel 框架下载到这个项目名称的目录中。

【示例 11-1】 使用 Composer 安装 Laravel 6.x 的版本，项目名称为 userPro。

【操作步骤】

1）在安装 Laravel 框架的目录中启动命令行窗口（例如，在 XAMPP 的 Apache 默认工作目录"htdocs"下进行安装）。

2）在命令行窗口中输入如下命令。

```
composer create-project --prefer-dist laravel/laravel=6.x userPro
```

3）按〈Enter〉键后执行，如图 11-2 所示，等待安装成功（需要一段时间）。

图 11-2 Laravel 框架安装

4）在浏览器地址栏中输入：http://localhost/userPro/public，如果显示如图 11-3 所示的 Laravel 欢迎页面，则表示安装成功。

图 11-3　Laravel 欢迎页面

5）如果 Laravel 框架没有安装在 Apache Web 服务器的工作目录下，假设是安装在"D:\www"目录下，则不能通过以上方式进行访问。若要访问，首先需要通过"php artisan serve"命令启动 Laravel 开发服务器：在"D:\www\userPro"目录下启动命令行窗口，输入以上命令后按〈Enter〉键，如图 11-4 所示。

图 11-4　启动 Laravel 服务

这里使用了一个 artisan 工具，其具体使用方法将会在 11.3 章节中做详细介绍。由于 artisan 是命令行工具，在 Windows 环境中，为了使用方便，一般需要配置 PHP 环境变量，即，把 PHP 的路径配置在系统环境变量 Path 中。在命令行窗口中执行"php -v"命令，如果显示 PHP 的版本号，则表示配置成功。如果已默认配置则忽略。

然后在浏览器地址栏中输入：http://localhost:8000，则同样可以显示如图 11-3 所示的 Laravel 欢迎页面。

11.1.4　Laravel 框架的目录结构

以上 Laravel 框架安装完成以后，将会在"C:\xampp\htdocs\userPro"目录下自动创建一些目录和文件，Laravel 框架的常用目录和文件及其作用见表 11-1。

表 11-1　Laravel 框架的常用目录和文件及其作用

序号	类型	目录或文件	作用
1	目录	app	存放项目中的控制器、模型等核心代码
2	目录	app\Http	存放 HTTP 请求相关的文件
3	目录	app\Http\Controllers	存放控制器文件
4	文件	app\Http\Controllers\Controller.php	控制器的基类文件
5	目录	app\Http\Middleware	存放中间件文件
6	目录	bootstrap	存放框架启动的相关文件

（续）

序号	类型	目录或文件	作用
7	目录	config	配置文件目录
8	文件	config\app.php	全局配置文件
9	文件	config\database.php	数据库配置文件
10	目录	database	存放数据库迁移文件和数据填充文件
11	目录	public	包含应用程序的入口文件 index.php，也用来存放任何可以公开的静态资源，例如 CSS、JavaScript、images 等
12	文件	public\index.php	应用程序入口文件
13	目录	resources	存放视图文件、语言包等
14	目录	resources\views	存放视图文件
15	目录	routes	存放应用程序中定义的所有路由
16	文件	routes\web.php	定义路由的文件
17	目录	storage	存放编译后的模板、Session 文件、缓存文件、日志文件等
18	目录	tests	存放自动化测试文件
19	目录	vendor	存放通过 Composer 加载的依赖
20	文件	.env	环境变量配置文件
21	文件	artisan	脚手架文件
22	文件	composer.json	Composer 依赖包配置文件
23	文件	package.json	框架依赖的 Composer 组件

11.1.5 配置虚拟主机

通过配置 Apache 的虚拟主机功能，可以实现使用域名对网站进行访问的效果。而且也不需要将项目强制部署在 Apache Web 服务器的工作目录下，也不需要事先启动 Laravel 开发服务器。

以给"D:\www"目录中 userPro 项目设置域名"userPro.test"为例，具体配置步骤如下。

1）用记事本程序（notepad）打开"\windows\system32\drivers\etc"目录中的 hosts 文件，该文件是用于配置域名与 IP 地址之间的解析关系。在文件的最底部添加如下的一行内容：

```
127.0.0.1 userPro.test
```

2）用记事本程序（notepad）打开"\apache\conf"目录中的 httpd.conf 文件，确保如下的一行配置的前面没有"#"。

```
Include conf/extra/httpd-vhosts.conf
```

3）用记事本程序（notepad）打开"\apache\conf\extra"目录中的 httpd-vhosts.conf 文件，在文件的最底部添加如下的虚拟主机配置。

```
<VirtualHost *:80>
    DocumentRoot "C:/xampp/htdocs"
    ServerName localhost
</VirtualHost>
<Directory "C:/xampp/htdocs">
    Options -Indexes
    AllowOverride all
    Require all granted
```

```
</Directory>
<VirtualHost *:80>
    DocumentRoot "D:/www/userPro/public"
    ServerName userPro.test
</VirtualHost>
<Directory "D:/www">
    Options -Indexes
    AllowOverride all
    Require all granted
</Directory>
```

上述配置实现了两个虚拟主机，分别是 localhost 和 userPro.test，并且这两个虚拟主机的站点目录指定在不同的路径下。<Directory>用于配置路径的访问权限。其中，"Options -Indexes"用于关闭文件列表功能；"Require all granted"用于配置目录访问权限，表示允许所有访问。

4）重启 Apache 服务器使配置生效。在浏览器地址栏中输入：http://userPro.test，如果显示 Laravel 的欢迎页面，则表示虚拟主机配置成功。

11.2　Laravel 路由

　　Laravel 框架是一款遵循 model-view-controller（MVC）架构模式的分层框架结构，将业务逻辑定义在控制器（controller）组件中，将视图界面定义在视图（view）组件中，通过模型（model）建立与后台数据库的联系。Laravel 框架的所有访问定义在专门的路由文件中，所有的请求都要通过路由调用中间件等经过 M 层传递到 C 层，Laravel 框架原理如图 11-5 所示。

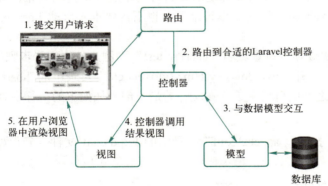

图 11-5　Laravel 框架 MVC 原理图

11.2.1　路由简介

　　Laravel 中的路由是用来匹配用户请求的 URL 地址的。当用户通过 URL 发出访问服务器资源的请求时，Laravel 根据事先定义在路由配置文件中的路由对用户的请求进行解析。

　　Laravel 路由都定义在 routes 目录下，通过框架自动加载。

- routes\web.php 文件定义了 Web 界面的路由，这些路由被分配给 Web 中间件组，从而可以提供 Session 和 CSRF 防护等功能。

- routes\api.php 文件中的路由是无状态的，被分配到 api 中间件组。所有请求通过这些路由进入应用需要通过 token 进行认证并且不能访问 Session 会话状态。

对于大多数应用而言，都是从 routes\web.php 文件开始定义路由。

11.2.2 注册路由

Laravel 中所有的访问，都必须手工在路由配置文件中进行声明，也叫注册路由。如果没有注册路由，将不能被访问。Laravel 这种路由策略对网站安全起一定的保护作用。注册路由的语法格式如下。

Route::请求方式('请求URL', 路由指向的资源);

说明：

- 请求方式，可以是 get、post、put、delete 等，其中 get 和 post 是最常用的方式。其他几种方式常用于开发服务器接口，在普通网站开发中比较少见。
- 请求 URL，最简单可设置为 "/"，表示访问的是网站主页。
- 路由指向的资源，可以是匿名函数，可以是控制器相应的方法，也可以是视图。控制器和视图将会在后面章节中进行讲解。

【示例 11-2】 注册一个 get 方式路由，路由地址为 "/hello"，用来返回 "Hello World!" 的提示信息。

【操作步骤】

1）打开 routes\web.php 文件，添加如下代码。

```
Route::get('/hello', function () {
    return 'Hello World';
});
```

2）浏览器地址栏中输入：http://userPro.test/hello，执行结果如图 11-6 所示。

图 11-6 注册路由

在 Route 类中还提供了 match()和 any()这两个静态方法，其中，match()用来在一个路由中同时匹配多个请求方式；any()用来在一个路由中匹配任意请求方式。示例代码如下。

```
//同时匹配get和post请求方式
Route::match(['get','post'], '/test1', function () {
    return '测试match()匹配！';
});
//匹配任意请求方式
Route::any('/test2', function () {
    return '测试any()匹配！';
});
```

11.2.3 路由参数

在实际应用中，有时需要通过路由向请求的资源传递信息、捕获一些 URL 片段等，Laravel

允许在请求 URL 中传递一些动态的参数，这些参数称为路由参数，路由参数分为必选参数和可选参数。

必选参数的语法格式为：{参数名}

可选参数的语法格式为：{参数名?}

说明：

- 路由参数总是通过花括号"{ }"进行包裹，这些参数在路由被执行时会被传递到路由指向的资源中。
- 可选参数通过在参数名后加一个问号"?"标记来实现，这种情况下需要给相应的变量指定默认值。
- 可以按需要在路由中定义多个路由参数。

【示例 11-3】 注册一个 get 方式路由，路由地址为"/saygood1"，带有一个必选参数 sname；再注册一个 get 方式路由，路由地址为"/saygood2"，带有一个可选参数 sname。

【操作步骤】

1）打开 routes\web.php 文件，添加如下代码。

```
//带有必选参数
Route::get('/saygood1/{sname}', function ($sname) {
    return 'Hello, '.$sname.'早上好！';
});
//带有可选参数
Route::get('/saygood2/{sname?}', function ($sname='') {
    return 'Hello, '.$sname.'晚上好！';
});
```

2）测试必选参数。浏览器地址栏中输入：http://userPro.test/saygood1/Tom，执行结果如图 11-7 所示；再在浏览器地址栏中输入：http://userPro.test/saygood1，执行结果如图 11-8 所示。

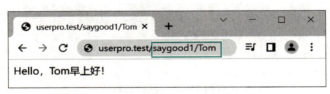

图 11-7　注册路由（必选参数）

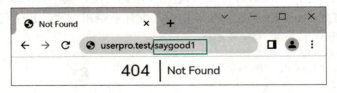

图 11-8　注册路由（必选参数）

从图 11-8 的执行结果来看，我们没有给必选参数设置具体的值，从而产生了一个 404 错误的页面。

3）测试可选参数。浏览器地址栏中输入：http://userPro.test/saygood2/Jack，执行结果如图 11-9 所示；再在浏览器地址栏中输入：http://userPro.test/saygood2，执行结果如图 11-10 所示。

图 11-9 注册路由（可选参数）

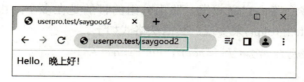

图 11-10 注册路由（可选参数）

从图 11-10 的执行结果来看，因为没有给可选参数设置具体的值，执行结果中则使用了参数的默认值。

11.2.4 重定向路由

重定向路由用来实现页面的跳转。可以使用 Route::redirect()方法快速实现重定向，而不需要定义完整的路由。其语法格式如下。

Route::redirect('源路由', '目标路由');

【示例 11-4】 定义一个重定向路由，将路由地址由"/hi"重定向到"/hello"。
【操作步骤】

1）打开 routes\web.php 文件，添加如下代码。

Route::redirect('/hi', '/hello');

2）浏览器地址栏中输入：http://userPro.test/hi，则重定向到http://userPro/hello进行执行，执行结果与图 11-6 一致。

11.2.5 路由别名

在注册路由时，可以为路由设置一个别名，这样，当在其他地方用到这个路由地址时，就可以不用书写原来的地址，只要通过这个别名来引用即可。如果在多个地方都要用到同一个路由地址，使用路由别名则是一个非常好的选择。设置路由别名的语法格式如下。

Route::请求方式('请求URL', 路由指向的资源)->name('别名');

【示例 11-5】 注册一个 get 方式路由，路由地址为"/hello/123"，设置路由别名为"hello"；再注册一个 get 方式路由，路由地址为"/haha"，重定向到别名为"hello"的路由。
【操作步骤】

1）打开 routes\web.php 文件，添加如下代码。

```
Route::get('/hello/123', function () {
    return 'Hi';
})->name('hello');
Route::get('/haha', function () {
    return redirect()->route('hello');
});
```

2）浏览器地址栏中输入：http://userPro.test/haha，则重定向到http://userPro/hello/123进行执行，输出"Hi"的执行结果。通过使用"route(别名)"的方式，可以代替所对应的路由地址。

11.2.6 路由分组

路由分组就是将多个路由定义成组。路由分组的目的是在多个路由中共享相同的路由属性。路由分组使用 Route::group()来实现，其语法格式如下。

```
Route::要分配的共享的属性->group(function(){
    组内路由1
    组内路由2
    ……
});
```

说明：要分配的共享的属性可以是路由的前缀（prefix）、中间件（middleware）、命名空间（namespace）等。

【**示例 11-6**】 有两个具有相同前缀的路由 "/home/login" 和 "/home/reg"，通过路由分组的方式进行注册。

【**操作步骤**】

1）打开 routes\web.php 文件，添加如下代码。

```
Route::prefix('home')->group(function () {
    Route::get('login',function () {
        return "这是前台用户登录所指向的应用！";
    });
    Route::get('reg',function () {
        return "这是前台用户注册所指向的应用！";
    });
});
```

2）浏览器地址栏中输入：http://userPro.test/home/login，再在浏览器地址栏中输入：http://userPro.test/home/reg，返回了不同的执行结果。

11.3 控制器

在 Laravel 框架中，控制器主要是用来接受用户的请求、调用模型处理数据、通过视图进行数据的展示。

11.3

11.3.1 创建控制器

所有创建的 Laravel 控制器都应该继承自 Laravel 自带的控制器类 Controller，且均在 app\Http\Controllers 目录下。

控制器可以手动创建，但是一个控制器文件中包含命名空间的声明和引入，以及控制器类的定义等，为防止手动创建时代码出错，建议使用 Laravel 提供的自动创建控制器的命令，来实现控制器的创建。

1. artisan 工具

artisan 是 Laravel 中自带的命令行工具的名称,它提供了一些对应用开发有帮助的命令,使得开发更高效。

使用 artisan 工具时需要命令行进入对应的 Laravel 项目文件夹中,其语法格式如下。

php artisan 命令

常用的 artisan 工具命令有:
- php artisan --version:查看 Laravel 的版本号。
- php artisan list:查看全部的 artisan 命令。
- php artisan make:controller 控制器名:在 app\Http\Controllers 目录下创建一个控制器。
- php artisan make:middleware 中间件名:在 app\Http\Middleware 目录下创建一个中间件。
- php artisan make:model 模型名:在 app 目录下创建一个模型类。

2. 使用 php artisan 命令创建控制器

使用 php artisan 命令创建控制器的语法格式如下。

php artisan make:controller 控制器名

说明:控制器名称后面需要加上"Controller"后缀,例如 UserController。默认情况下,生成的控制器文件保存在 Laravel 框架的 app\Http\Controllers 目录中。

例如,创建一个名称为"User"控制器的命令如下。

php artisan make:controller UserController

如果希望将该控制器文件创建到 app\Http\Controllers\admin 目录下面,则以上命令更改为如下命令。

php artisan make:controller admin/UserController

3. 注册控制器路由

控制器路由是路由的一种定义方式。在注册路由时,之前基本都是通过传入一个回调函数来处理请求,而控制器路由则是传入一个指定的控制器和方法来处理请求,只需要将回调函数修改为"控制器名@方法名"即可。

【示例 11-7】 创建 User 控制器,并在该控制器类中定义方法 test(),然后再注册请求该方法的路由。

【操作步骤】

1)在项目文件夹 userPro 中启动命令行窗口,输入创建 User 控制器的命令后按〈Enter〉键,如图 11-11 所示。

图 11-11 创建 User 控制器

2）打开 app\Http\Controllers\UserController.php 文件，在类中定义方法 test()，代码如下。

```
public function test(){
    return '这是User控制器中的test()方法！';
}
```

3）打开 routes\web.php 文件，添加如下代码。

```
Route::get('/admin/test, 'UserController@test');
```

4）浏览器地址栏中输入：http://userPro.test/admin/test，执行结果如图 11-12 所示。

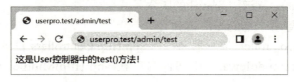

图 11-12　控制器应用执行结果

11.3.2　接受用户输入数据

在控制器中，接受用户输入数据的方式主要有两种：一种是通过 Request 实例接受，另外一种是通过路由参数接受。

1．通过 Request 实例接受用户输入数据

Request 实例保存了当前 HTTP 请求的信息，通过它可以获取用户输入的数据，可以是 get 方式，也可以是 post 方式传递的数据。

1）确保在控制器类中引入 Request 类，引入方法的代码如下。

```
use Illuminate\Http\Request;
```

2）通过依赖注入获取当前 HTTP 请求实例，需要在对应的控制器方法中设置一个 Request 实例的参数，代码如下。

```
public function func_name(Request $request){
}
```

3）在控制器的方法中使用 Request 实例接受路由参数（假设参数名为 name）的代码如下。

```
$name = $request->route('name');
```

或

```
$name = $request->name;
```

4）在控制器的方法中使用 Request 实例接受 URL 参数（假设参数名为 name）的代码如下。

```
$name = $request->input('name');
```

或

```
$name = $request->name;
```

【示例 11-8】　在 User 控制器类中定义方法 deleteUser1()，在该方法中使用 Request 实例接受路由参数。

【操作步骤】

1）打开 app\Http\Controllers\UserController.php 文件，在类中定义方法 deleteUser1()，代码

如下。

```
public function deleteUser1(Request $request){
    //$id = $request->route('id');
    $id = $request->id;
    return '所删除用户的 Id 为: '.$id;
}
```

2）打开 routes\web.php 文件，添加如下代码。

```
Route::get('/admin/deleteUser1/{id}', 'UserController@deleteUser1');
```

3）浏览器地址栏中输入：http://userPro.test/admin/deleteUser1/45，执行结果如图 11-13 所示。

图 11-13　使用 Request 实例接受路由参数执行结果

【示例 11-9】　在 User 控制器类中定义方法 deleteUser2()，在该方法中使用 Request 实例接受 URL 参数。

【操作步骤】

1）打开 app\Http\Controllers\UserController.php 文件，在类中定义方法 deleteUser2()，代码如下。

```
public function deleteUser2(Request $request){
    //$id = $request->id;
    $id = $request->input('id');
    return '所删除用户的 Id 为: '.$id;
}
```

2）打开 routes\web.php 文件，添加如下代码。

```
Route::get('/admin/deleteUser2', 'UserController@deleteUser2');
```

3）浏览器地址栏中输入：http://userPro.test/admin/deleteUser2?id=9，执行结果如图 11-14 所示。

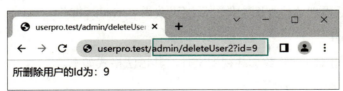

图 11-14　使用 Request 实例接受 URL 参数执行结果

2．通过路由参数接受用户输入数据

路由参数可以直接在对应的控制器方法中通过形参来接受。代码如下。

```
public function func_name($name){
}
```

【示例 11-10】　在 User 控制器类中定义方法 deleteUser3()，在该方法中使用其形参接受路由参数。

【操作步骤】

1）打开 app\Http\Controllers\UserController.php 文件，在类中定义方法 deleteUser3()，代码如下。

```
public function deleteUser3($id){
    return '所删除用户的Id为: '.$id;
}
```

2）打开 routes\web.php 文件，添加如下代码。

```
Route::get('/admin/deleteUser3/{id}', 'UserController@deleteUser3');
```

3）浏览器地址栏中输入：http://userPro.test/admin/deleteUser3/45，执行结果与图 11-13 一致。

11.4 视图

Web 应用开发需要大量展示性的界面，这些展示性的界面，或者用来收集客户端输入的信息，或者用来将服务器端的信息展现到客户端。Laravel 框架把这些展示性的界面定义为视图，Laravel 框架的视图默认使用 Blade 模板。

视图文件保存在 Laravel 框架的 resources\views 目录中，实际应用时，一般会根据需要在这个目录下创建子目录，将不同模块的视图放在不同的子目录中。视图文件的文件名一般为小写，后缀为".blade.php"或".php"，前者表示使用 Blade 模板引擎，后者表示不使用模板引擎。当使用模板引擎时，可以在视图中使用模板语法，也可以使用 PHP 原生语法。如果不使用模板引擎，则只能使用 PHP 原生语法。

11.4.1 创建视图

1．创建视图文件

视图文件可以通过手工进行创建，也可以直接复制现成的文件模板进行修改。视图文件都需要保存在 resources\views 目录中或该目录的子目录中，最后再把这些视图文件的后缀更改为".blade.php"。

11.4.1

2．加载视图文件

Laravel 框架使用 view()函数加载视图文件，其语法格式如下。

```
return view('视图名称');
```

说明：

- view()函数的参数表示视图文件的名称，不需要传入文件扩展名。
- 视图名称的前面还可以添加路径。例如，将视图文件 index.blade.php 保存在 resources\views\admin 目录中，则加载该视图文件的代码如下。

```
return view('admin/index');         //使用"/"分隔
```

或

```
return view('admin.index');         /使用"."分隔
```

【示例 11-11】 创建视图文件 resources\views\admin\demo.blade.php，并注册路由加载该视图文件。

【操作步骤】

1）在 resources\views 目录下创建子目录 admin，再在 resources\views\admin 目录下创建 demo.blade.php 文件，具体代码如下。

```
<!DOCTYPE html>
<html>
    <head>
        <meta charset="UTF-8">
        <title>Document</title>
    </head>
    <body>
        <h2 align="center">这是DEMO页面<h2>
        <hr/>
        <h4></h4>
    </body>
</html>
```

2）打开 app\Http\Controllers\UserController.php 文件，在类中定义方法 demo()，代码如下。

```
public function demo(){
    return view('admin/demo');
}
```

3）打开 routes\web.php 文件，添加如下代码。

```
Route::get('/admin/demo','UserController@demo');
```

4）浏览器地址栏中输入：http://userPro.test/admin/demo，执行结果如图 11-15 所示。

图 11-15　视图应用执行结果

11.4.2　向视图传递数据

Laravel 框架的视图，作为客户端与服务器交换信息的界面，常常需要在控制器中加载视图的同时，向视图传入数据。Laravel 框架可以使用 view()函数或 with()函数向视图传递数据。

11.4.2

1. 通过 view()函数的第 2 个参数传递数据

向视图传递数据可以通过 view()函数的第 2 个参数来实现。其语法格式如下。

```
return view('视图名称', [数组]);
```

说明：第 2 个参数是传入视图的数据，这个参数是可选参数，一般以关联数组的形式表示。

2. 通过 with()函数传递数据

向视图传递数据还可以通过 with()函数来实现。其语法格式如下。

```
return view('视图名称')->with(数组);
```

或

```
return view('视图名称')->with(名称, 值) ->with(名称, 值)…
```

3. compact()函数

使用 compact()函数可以用来将多个变量打包成一个数组。其参数表示要打包的变量名，参数的个数不固定，返回的是打包后的数组。例如：

```
$welcome = 'Jack';
$arrUser = ['username'=>'张三', 'sex'=>'男'];
$data = compact('welcome', 'arrUser');
return view('admin/demo' , $data);
```

4. 在视图中显示传入的数据

传入到 Blade 视图的数据变量，可以通过"{{变量名}}"来输出。例如：

```
{{$welcome}}
```

Blade 模板引擎在输出字符串时，会自动进行 HTML 特殊字符的转义。如果想禁止 Blade 的自动转义，可以通过"{!!变量名!!}"来输出。例如：

```
{!!$welcome!!}
```

5. 在视图中通过函数对数据进行处理

在 Blade 模板中，可以在双花括号"{{ }}"中直接使用函数。例如：

```
{{date('Y-m-d H:i:s',time())}}
```

【示例 11-12】 修改视图文件 resources\views\admin\demo.blade.php，在视图中显示传入的数据。

【操作步骤】

1）打开 app\Http\Controllers\UserController.php 文件，修改类的方法 demo()，代码如下。

```
public function demo(){
    $welcome = 'Jack';
    return view('admin/demo')->with('welcome', $welcome);
}
```

2）打开 resources\views\admin\demo.blade.php 文件，修改<h4>标签中的代码，如下所示。

```
...
        <h4>你好, {{$welcome}}, 欢迎登录! </h4>
...
```

3）浏览器地址栏中输入：http://userPro.test/admin/demo，执行结果如图 11-16 所示。

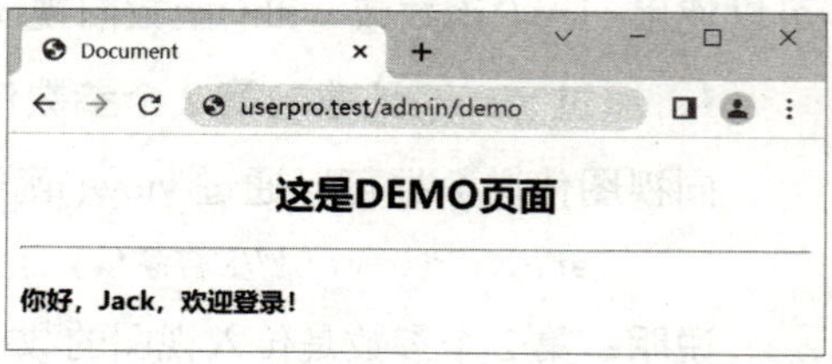

4）再次打开 app\Http\Controllers\UserController.php 文件，修改类的方法 demo()，代码如下。

```
public function demo(){
    $welcome = '<a href="#">Jack</a>';
    return view('admin/demo')->with('welcome', $welcome);
}
```

图 11-16 向视图传入数据执行结果

5）浏览器地址栏中输入：http://userPro.test/admin/demo，执行结果如图 11-17 所示。

6）再次打开 resources\views\admin\demo.blade.php 文件，修改<h4>标签中的代码，如下所示。

```
...
```

```
<h4>你好，{!!$welcome!!}，欢迎登录！</h4>
```
...

7）浏览器地址栏中输入：http://userPro.test/admin/demo，执行结果如图 11-18 所示。

图 11-17　向视图传入数据执行结果（转义输出）

图 11-18　向视图传入数据执行结果（非转义输出）

11.4.3　流程控制语句

使用 Blade 模板语法的视图非常简洁，它除了可以直接输出转义与非转义变量、函数外，还可以用简洁的方式书写流程控制语句，在视图文件中进行判断和循环操作。Blade 模板语法的流程控制语句主要有：@if、@foreach、@for、@while 语句。

11.4.3

1．判断操作：@if 语句

在视图文件中，可以使用"@if"语句进行判断操作，类似于 PHP 中的 if 语句，其语法格式如下。

```
@if (条件表达式1)
    语句块1;
@elseif (条件表达式2)
    语句块2;
@elseif (条件表达式3)
    语句块3;
…
@else
    语句块n;
@endif
```

说明：@elseif 和@else 部分可以省略。

【**示例 11-13**】　修改视图文件 resources\views\admin\demo.blade.php，在视图中根据传入的数据情况显示不同的内容。

【**操作步骤**】

1）打开 resources\views\admin\demo.blade.php 文件，修改<h4>标签中的代码，如下所示。

...
```
        <h4>
            @if (isset($welcome))
                你好，{!!$welcome!!}，欢迎登录！
            @else
                未登录
            @endif
        </h4>
```
...

2）浏览器地址栏中输入：http://userPro.test/admin/demo，执行结果与图 11-18 相同。

3）打开 app\Http\Controllers\UserController.php 文件，修改类的方法 demo()，代码如下。

```
public function demo(){
    return view('admin/demo');
}
```

4）浏览器地址栏中输入：http://userPro.test/admin/demo，执行结果如图 11-19 所示。

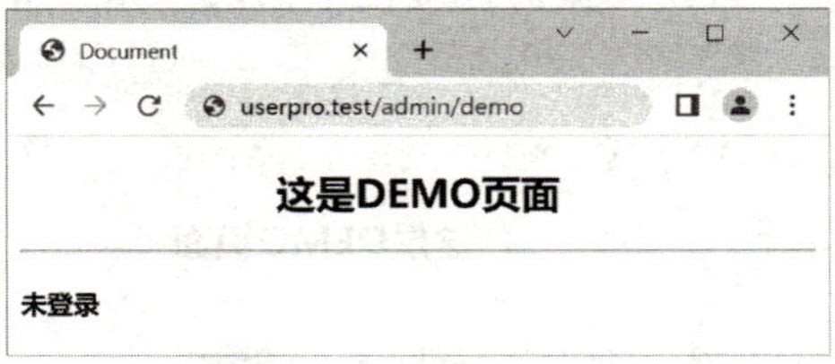

图 11-19　页面执行结果（未传入数据）

2．循环操作：@foreach 语句

在视图文件中，还可以使用"@foreach"语句进行循环操作，类似于 PHP 中的 foreach 语句，其语法格式如下。

```
@foreach ($variable as $key=>$value)
    //循环体
@endforeach
```

说明：$variable 表示待遍历的数组；$key 表示每个元素的键名；$value 表示每个元素的值。如果不需要访问数组的键名，可以去除掉"$key=>"部分。

@foreach 与常规的 foreach 相比，其功能更加强大，因为它在每一个@foreach 循环体中内置了一个$loop 变量。$loop 变量是一个 stdClass 实例，提供了一系列当前循环的信息。$loop 变量的相关属性见表 11-2。

表 11-2　$loop 变量的相关属性

序　号	属　　性	描　　述
1	$loop->index	返回以 0 开始的循环索引
2	$loop->iteration	返回以 1 开始的循环次数
3	$loop->remaining	返回剩余循环的次数
4	$loop->count	返回循环的总次数
5	$loop->first	判断是否为第一次循环
6	$loop->last	判断是否为最后一次循环
7	$loop->depth	返回当前循环的嵌套深度
8	$loop->parent	嵌套循环中，返回父循环的循环变量。如果当前是顶级循环，则返回 NULL

【示例 11-14】　创建视图文件 resources\views\admin\userList.blade.php，以表格的形式显示用户数据。

【操作步骤】

1）在 resources\views\admin 目录下创建 userList.blade.php 文件，具体代码如下。

```
<!DOCTYPE html>
<html>
    <head>
        <meta charset="UTF-8">
        <title>Document</title>
    </head>
    <body>
        <div class="container">
            <table width="100%" border="1" cellspacing="0" cellpadding="3">
```

```
        <caption><h2>用户列表</h2></caption>
        <thead>
            <tr>
                <td>序号</td>
                <td>用户名</td>
                <td>密码</td>
                <td>性别</td>
            </tr>
        </thead>
        <tbody>
        </tbody>
    </table>
        </div>
    </body>
</html>
```

2）打开 routes\web.php 文件，添加如下代码。

```
Route::get('/admin/userList', 'UserController@userList');
```

3）打开 app\Http\Controllers\UserController.php 文件，在类中定义方法 userList()，代码如下。

```
public function userList(){
    $data = [['username'=>'张三','password'=>'123456','sex'=>'男'],
             ['username'=>'李四','password'=>'123456','sex'=>'男'],
             ['username'=>'王二','password'=>'123456','sex'=>'男']];
    return view('admin/userList')->with('data', $data);
}
```

在以上代码中，把一个二维数组传入到 userList 视图文件中，该数组中的每一个元素代表一个用户。

4）再次打开 resources\views\admin\userList.blade.php 文件，在<tbody>标签中添加如下代码。

```
……
        <tbody>
            @foreach($data as $row)
            <tr>
                <td>{{$loop->iteration}}</td>
                <td>{{$row['username']}}</td>
                <td>{{$row['password']}}</td>
                <td>{{$row['sex']}}</td>
            </tr>
            @endforeach
        </tbody>
……
```

在以上代码中，使用"{{$loop->iteration}}"获取以 1 开始的循环次数，作为数据表格的序号列。

5）浏览器地址栏中输入：http://userPro.test/admin/userList，执行结果如图 11-20 所示。

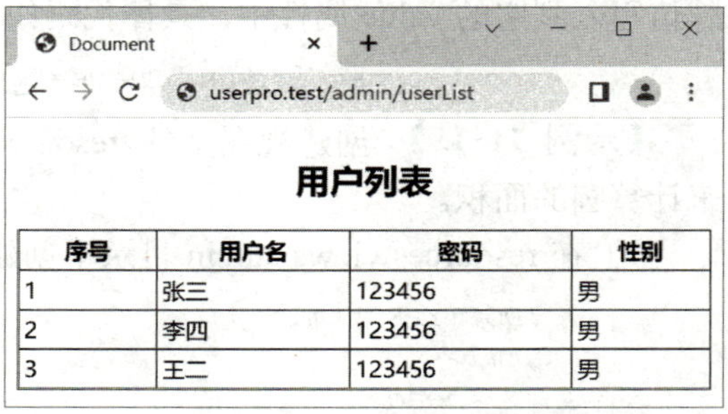

图 11-20　表格显示用户数据

11.4.4 表单安全及 CSRF 防御

在 Web 项目中，表单是接收用户输入数据的一种主要途径，为了提高表单的安全性，Laravel 框架对以 POST 方式提交的表单，采用了 CSRF 漏洞防御机制。

1. 什么是 CSRF 攻击

跨站点请求伪造（Cross Site Request Forgery，CSRF）是通过伪造成合法用户发起恶意请求，比如以合法用户的名义发送邮件、发送消息，来进行盗取账号、添加系统管理员，甚至购买商品、进行银行转账等恶意攻击行为。CSRF 是一种网络漏洞，是互联网中常见的一种攻击，一旦发生，可能会造成泄露个人隐私、危及财产安全等严重后果。

CSRF 攻击的原理可以这样理解：

1）用户 C 在浏览器通过合法登录成为 A 网站的受信用户，A 网站产生 Cookie 信息并返回给浏览器。

2）用户 C 在未退出 A 网站之前，在同一浏览器中又访问了 B 网站，B 网站接收到用户 C 请求后，返回一些攻击性代码，并发出一个要求访问 A 网站的请求。

3）浏览器在接收到 B 网站的请求后，在用户 C 不知情的情况下携带 Cookie 信息，向 A 网站发出 GET 或 POST 请求。

4）A 网站并不知道该请求其实是由 B 网站发起的，如果 A 网站没有做 CSRF 防御措施，则会根据用户 C 的 Cookie 信息以用户 C 的权限处理该请求，导致来自 B 网站的恶意代码被执行，对 A 网站的数据产生破坏。

2. Laravel 框架的 CSRF 防御

Laravel 框架默认会对以 POST 方式发送过来的请求进行令牌验证，从而防御 CSRF 攻击。在以 POST 方式提交表单时，Laravel 会自动验证表单中是否含有 CSRF 令牌（Token），如果没有令牌或者令牌无效，则该请求会被拦截，不会进入到路由对应的控制器的方法中。

在视图文件中编写表单时，可以通过模板语法{{csrf_field()}}或{{csrf_token()}}来获取令牌，将令牌放入表单中，随表单一起提交，这样就可以通过 CSRF 验证。如果表单没有令牌或者令牌有误，则请求会被 Laravel 拦截。

{{csrf_field()}}用来获取一个自动填入令牌值的隐藏域，类似于在页面中自动添加了如下的一行代码。

```
<input type="hidden" name="_token" value="自动填入的令牌值">
```

而{{csrf_token()}}用来获取一个令牌值，需要在页面中手动添加一个隐藏域，然后把该令牌值写入到它的 value 属性中，具体代码如下。

```
<input type="hidden" name="_token" value="{{csrf_token()}}">
```

【示例 11-15】 创建视图文件 resources\views\admin\getArea.blade.php，设计一个表单，用来计算圆的面积。

1）在 resources\views\admin 目录下创建 getArea.blade.php 文件，具体代码如下。

```
<!DOCTYPE html>
<html>
    <head>
        <meta charset="utf-8">
```

```
            <title>计算圆的面积</title>
        </head>
        <body>
            <form action="" method="post">
                半径:<input type="text" name="r" value="" />
                <input type="submit" value="计算" /><hr/>
                面积:<input type="text" name="area" value="" readonly />
            </form>
        </body>
    </html>
```

2）打开 routes\web.php 文件，添加如下代码。

```
Route::get('/admin/getArea', 'UserController@getArea');
```

3）打开 app\Http\Controllers\UserController.php 文件，在类中定义方法 getArea()，代码如下。

```
public function getArea(Request $request){
    return view('admin/getArea');
}
```

4）浏览器地址栏中输入：http://userPro.test/admin/getArea，执行结果如图 11-21 所示。

5）再次打开 routes\web.php 文件，添加如下代码。

```
Route::post('/admin/getArea', 'UserController@getArea');
```

6）再次打开 app\Http\Controllers\UserController.php 文件，修改类的方法 getArea()，代码如下所示。

```
public function getArea(Request $request){
    if ($request->isMethod('get')){
        return view('admin/getArea');
    }
    else{
        $r = $request->input('r');   //获取表单元素的数据
        $area = $r*$r*pi();
        $data = compact('r', 'area');
        return view('admin/getArea', $data);
    }
}
```

在以上代码中，通过 Request 对象的 isMethod()方法判断是 GET 请求、还是 POST 请求，根据不同的请求执行不同的代码。GET 请求用来加载 admin.getArea 视图文件；POST 请求用来完成圆的面积计算后传递数据到 admin.getArea 视图文件。

7）再次打开 resources\views\admin\getArea.blade.php 文件，修改<form>标签中的代码，如下所示。

```
......
<form action="{{url('/admin/getArea')}}" method="post">
    半径:<input type="text" name="r" value="{{isset($r) ? $r : ''}}" />
    <input type="submit" value="计算" /><hr/>
    面积:<input type="text" name="area" value="{{isset($area) ? $area : ''}}" readonly />
</form>
......
```

在以上代码中，使用 url()函数把指定路由生成一个完整的网址，再把这个网址赋值给<form>标签的 action 属性；然后使用 "{{isset($r) ? $r : ''}}" 和 "{{isset($area) ? $area : ''}}" 分别给半径和面积输入框的 value 属性赋值，这里使用到了一个 "? :" 运算符，以 "{{isset($r) ? $r : ''}}" 为例，表示当$r 的变量存在时，赋值为$r；否则赋值为空字符串。

8）浏览器地址栏中输入：http://userPro.test/admin/getArea，在显示的页面中，输入半径为 "6.5"，然后单击 "计算" 按钮，执行结果如图 11-22 所示。

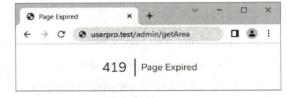

图 11-21　计算圆的面积表单　　　　　　图 11-22　419 错误号提示页面

从以上执行结果可以看出，并没有获得计算后的圆的面积，而是返回了一个 419 错误号的提示页面。这表示 Laravel 框架开启了 CSRF 防御机制。

9）再次打开 resources\views\admin\getArea.blade.php 文件，在<form>标签中添加一行 "{{csrf_field()}}" 的代码，如下所示。

```
......
<form action="{{url('/admin/getArea')}}" method="post">
    ......
    {{csrf_field()}}
</form>
......
```

10）浏览器地址栏中输入：http://userPro.test/admin/getArea，查看该页面中表单的 HTML 代码，如图 11-23 所示。

图 11-23　查看表单的 HTML 代码

从以上代码可以看出，令牌已经生成，并放入到隐藏域中。

11）再次输入半径为 "6.5"，然后单击 "计算" 按钮，执行结果如图 11-24 所示。

从以上执行结果可以看出，表单已提交成功，且正确地计算出了圆的面积。

图 11-24　计算圆的面积执行结果

11.4.5 模板继承

模板继承就是将一个完整页面中的公共要素（例如 header、footer、banner、导航栏等）放在父页面中，将不同的部分放在不同的子页面中，子页面可以继承父页面来获得完整的页面。

Blade 模板通过区块占位来定义主布局，通过对占位区块进行具体的定义，来扩展主布局，形成完整的页面。

1. 用于定义主布局页面的指令

（1）@yield 指令

@yield()可以用来在父页面中定义一个区块，其语法格式如下。

```
@yield('区块名称', [默认内容])
```

说明：默认内容是可选的，表示子页面如果没有定义这个区块的内容，就使用默认内容。

（2）@section 指令

@section()也是可以用来在父页面中定义一个区块，其语法格式如下。

```
@section('区块名称')
```

2. 用于定义子页面扩展主布局的指令

（1）@extends 指令

@extends()可以用来定义子页面继承哪一个父页面的布局，其语法格式如下。

```
@extends('需要继承的父页面')
```

（2）@section 指令

@section()可以用来将内容注入于主布局的区块占位中，其语法格式如下。

```
@section('区块名称', '该区块具体的内容')
```

或

```
@section('区块名称')
    //该区块具体的内容
@ endsection
```

说明：这里的区块名称，可以是使用@yield()定义的区块，也可以是使用@section()定义的区块。

【示例 11-16】 模板继承。

【操作步骤】

1）编写父页面。在 resources\views\admin 目录下创建 template.blade.php 文件，具体代码如下。

```
<!DOCTYPE html>
<html>
    <head>
        <meta charset="UTF-8">
        <title>Document</title>
    </head>
    <body>
        <header>头部区域</header>
        <div class="container">
```

```
            @yield('container')
        </div>
        <header>尾部区域</header>
    </body>
</html>
```

2）编写子页面。在 resources\views\admin 目录下创建 subpage.blade.php 文件，具体代码如下。

```
@extends('admin.template')
@section('container')
    <section>区块内容</section>
@endsection
```

3）打开 app\Http\Controllers\UserController.php 文件，在类中定义方法 subpageShow()，代码如下。

```
public function subpageShow(){
    return view('admin.subpage');
}
```

4）打开 routes\web.php 文件，添加如下代码。

```
Route::get('/admin/subpageShow', 'UserController@subpageShow');
```

5）在浏览器地址栏中输入：http://userPro.test/admin/subpageShow，执行结果如图 11-25 所示。

图 11-25　模板继承执行结果

11.5　中间件

11.5.1　中间件简介

11.5

　　中间件一般是在用户发送 HTTP 请求之后、执行路由内容操作之前执行的一段内容。它是一个特殊的类，主要功能是过滤用户进入应用的 HTTP 请求。例如，可以使用中间件来验证用户是否已经经过认证（如登录），如果用户没有经过认证，中间件会将用户重定向到登录页面，而如果用户已经经过认证，中间件就会允许请求继续，进入下一步操作。

11.5.2　Session 的使用

　　使用 Session 机制可以跟踪用户在网站中的操作。例如，在开发 Web 应用的用户登录功能时，必须借助一种技术来记住用户的登录状态，那这个技术就是 Session。

在 Laravel 中，使用全局函数 session()可以很方便地对 Session 数据进行操作。

1．写入 Session 数据

写入 Session 数据的语法格式如下。

```
session(['key'=>'value']);
```

或

```
session()->put('key', 'value');
```

例如：

```
session(['password'=>md5('CCIT')]);
session()->put('loginUser', ['id'=>1, 'username'=>'admin']);
```

2．读取 Session 数据

读取 Session 数据的语法格式如下。

```
$value = session('key', '默认值');
```

说明：当读取的 Session 不存在时，返回默认值。

例如：

```
$password = session('password');
$loginUser = session('loginUser');
```

3．获取所有 Session

获取所有 Session 的语法格式如下。

```
$result = session()->all();
```

4．删除指定名称的 Session

删除指定名称的 Session 的语法格式如下。

```
$result = session()->forget('key');
```

例如：

```
$result = session()->forget('password');
```

5．判断指定名称的 Session 是否存在

判断指定名称的 Session 是否存在的语法格式如下。

```
$result = session()->has('key');
```

例如：

```
$result = session()->has('password');
```

6 删除全部 Session

删除全部 Session 的语法格式如下。

```
$result = session()->flush();
```

11.5.3 创建中间件

在 Laravel 项目中，所有中间件都位于 app\Http\Middleware 目录下。默认情况下，Laravel 自带一些中间件，这些自带的中间件称为内置中间件；此外，Laravel 还提供了根据需要创建自定义中间件的功能。

1．定义中间件

可以使用 php artisan 命令来创建一个新的中间件，其语法格式如下。

```
php artisan make:middleware 中间件名
```

说明：默认情况下，生成的中间件文件保存在 Laravel 框架的 app\Http\Middleware 目录中。

例如，创建一个名称为"CheckLogin"中间件的命令如下。

```
php artisan make:middleware CheckLogin
```

2．请求中间件

在中间件类的 handle()方法中，编写在请求处理前所要执行的任务。

例如，使用中间件 CheckLogin 来验证用户是否已经登录，则在 app\Http\Middleware\CheckLogin.php 文件的 handle()方法中编写如下代码。

```php
public function handle($request, Closure $next) {
    if (!session()->has('loginUser')){
        return redirect('/admin/login');
    }
    return $next($request);
}
```

在以上代码中，判断名称为"loginUser"的 Session 是否存在，如果不存在则表示没有登录，那么重定向到登录页面（"/admin/login"）；如果存在则表示已经登录，那就允许请求继续，进入下一步操作。

3．注册中间件

中间件定义完成以后还不能直接生效，要想使这个中间件生效，还需要对该中间件进行注册。

（1）全局中间件

如果中间件在应用处理每个 HTTP 请求时都被执行，那这个中间件就需要进行全局注册，注册方法是将该中间件追加到 app\Http\Kernel.php 文件中的$middleware 属性下面。

通常情况下，除非必需，不建议将业务级别的中间件放到全局中间件中。

（2）路由中间件

如果中间件是分配给指定的路由使用，注册方法是将该中间件追加到 app\Http\Kernel.php 文件中的$routeMiddleware 属性下面、并为该中间件分配一个 key。

例如，将中间件 CheckLogin 注册为路由中间件，则在 app\Http\Kernel.php 文件中的 $routeMiddleware 属性下面追加如下代码。

```php
protected $routeMiddleware = [
    ……（原有代码省略）
    'CheckLogin' => \App\Http\Middleware\CheckLogin::class,
];
```

4．分配中间件到指定路由

中间件在 HTTP Kernel 中被注册后，可以使用 middleware()方法将其分配到指定路由。

例如，将中间件 CheckLogin 分配到以下两个路由："/admin"和"admin/index"，则在 routes\web.php 文件中添加如下代码。

```
Route::get('/admin', 'UserController@index')->middleware('CheckLogin');
Route::get('/admin/index', 'UserController@index')->middleware('CheckLogin');
```

以上代码也可以使用路由分组的形式，代码如下。

```
Route::group(['middleware'=>['CheckLogin']],function(){
    Route::get('/admin', 'UserController@index');
    Route::get('/admin/index', 'UserController@index');
});
```

【示例 11-17】利用中间件验证用户登录。

【操作步骤】

1）在项目文件夹 UserPro 中启动命令行窗口，输入创建 CheckLogin 中间件的命令后按〈Enter〉键，如图 11-26 所示。

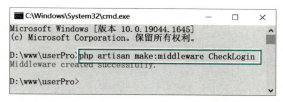

图 11-26　创建 CheckLogin 中间件

2）在 resources\views\admin 目录下创建 login.blade.php 文件，具体代码如下。

```
<!DOCTYPE html>
<html>
    <head>
        <meta charset="utf-8">
        <title>用户登录</title>
    </head>
    <body>
        <form action="{{url('/admin/login')}}" method="post">
            用户名：<input type="text" name="username" /><br>
            密码：<input type="password" name="password" /><br>
            <input type="submit" value="登录" />
            {{csrf_field()}}
        </form>
    </body>
</html>
```

3）打开 routes\web.php 文件，添加如下代码。

```
Route::get('/admin/login', 'UserController@login');
Route::post('/admin/login', 'UserController@login');
```

4）打开 app\Http\Controllers\UserController.php 文件，在类中定义方法 login()，代码如下。

```
public function login(Request $request){
    if ($request->isMethod('get')){
```

```
        return view('admin/login');
    }
    else{
        $username = $request->input('username');
        $password = $request->input('password');
        if ($username=='admin' && $password=='123456'){
            //使用Session保存登录用户信息
            session()->put('loginUser', ['id'=>1, 'username'=>$username]);
            return redirect('/admin/index');
        }
        else{
            return '用户名或密码错误!';
        }
    }
}
```

在以上代码中,当输入用户名"admin"和密码"123456"后,则登录成功。使用 Session 保存登录用户信息后跳转到主页面。

5)在 resources\views\admin 目录下创建 index.blade.php 文件(主页面),具体代码如下。

```
<!DOCTYPE html>
<html>
    <head>
        <meta charset="UTF-8">
        <title>Document</title>
    </head>
    <body>
        <h2 align="center">这是网站后台主页面<h2>
        <hr/>
        <h4>你好, {!!$welcome!!}, 欢迎登录! </h4>
    </body>
</html>
```

6)打开 app\Http\Controllers\UserController.php 文件,在类中定义方法 index(),代码如下。

```
public function index(){
    $loginUser = session('loginUser');
    $welcome = $loginUser['username'];
    return view('admin/index')->with('welcome', $welcome);
}
```

7)打开 app\Http\Middleware\CheckLogin.php 文件,在类的 handle()方法中编写如下代码。

```
public function handle($request, Closure $next)
{
    if (!session()->has('loginUser')){
        return redirect('/admin/login');
    }
    return $next($request);
}
```

8)打开 app\Http\Kernel.php 文件,在类的$routeMiddleware 属性下面追加如下代码。

```
protected $routeMiddleware = [
    ……(原有代码省略)
```

```
    'CheckLogin' => \App\Http\Middleware\CheckLogin::class,
];
```

9）再次打开 routes\web.php 文件，添加如下代码。

```
Route::group(['middleware'=>['CheckLogin']], function(){
    Route::get('/admin', 'UserController@index');
    Route::get('/admin/index', 'UserController@index');
});
```

10）在浏览器地址栏中输入：http://userpro.test/admin，自动跳转到用户登录页面，执行结果如图 11-27 所示。

在用户名框输入"admin"，密码框输入"123456"，单击"登录"按钮，则跳转到主页面，执行结果如图 11-28 所示。

图 11-27　用户登录页面

图 11-28　主页面

11.6　习题

1．简述 Laravel 框架安装步骤。

2．Laravel 框架默认的路由文件存放在哪里？Laravel 框架自定义的控制器、视图文件、中间件都分别默认存放在哪个目录中？

3．在 Laravel 中自定义一个控制器及方法，并将路由指向这个方法，然后测试。

4．在 Laravel 中创建视图文件，通过自定义的控制器方法来加载该视图并传递数据，然后测试。

5．在 Laravel 中自定义一个中间件，并进行注册和应用测试。

6．在 Laravel 中创建包含表单的视图文件，用来求三个整数中的最大值。

第 12 章　Laravel 框架数据库操作与应用

访问与操作数据库是 Web 应用程序设计的重要部分。Laravel 框架采用统一的接口实现对不同数据库操作的封装，使得对数据库的连接和操作变得非常容易。本章以 MySQL 数据库为例，讲解 Laravel 框架中的数据库操作。本章主要学习要点如下。

- Laravel 框架数据库配置
- 使用 DB 类的查询构造器操作数据库
- 使用 DB 类执行原生 SQL 语句操作数据库
- Laravel 框架的模型
- 使用 Eloquent ORM 模型操作数据库
- 使用 Laravel 框架实现用户信息管理实例

12.1　Laravel 数据库操作

12.1.1　数据库配置

1. 数据准备

12.1.1

在使用 Laravel 框架操作数据库之前，首先要确保在 MySQL 服务器中已经创建了数据库和数据表。本章将继续使用在第 10 章中创建的 shopData 数据库为例进行讲解，shopData 数据库中的一张 users 表，其表结构如图 12-1 所示。

```
+----------+------------------+------+-----+---------+----------------+
| Field    | Type             | Null | Key | Default | Extra          |
+----------+------------------+------+-----+---------+----------------+
| uid      | int(10) unsigned | NO   | PRI | NULL    | auto_increment |
| username | char(15)         | NO   |     | NULL    |                |
| password | char(32)         | NO   |     | NULL    |                |
| sex      | char(1)          | NO   |     | 男      |                |
| email    | varchar(40)      | YES  |     | NULL    |                |
| time     | datetime         | YES  |     | NULL    |                |
+----------+------------------+------+-----+---------+----------------+
```

图 12-1　users 表结构

users 表中的默认数据如图 12-2 所示。

```
+-----+----------+----------+-----+-------------------+---------------------+
| uid | username | password | sex | email             | time                |
+-----+----------+----------+-----+-------------------+---------------------+
| 1   | 熊明     | 123456   | 男  | xiongwei@qq.com   | 2021-05-03 08:45:21 |
| 2   | 王伟     | 123456   | 男  | wangwei@qq.com    | 2021-05-10 21:47:51 |
| 3   | 李芳     | 123456   | 女  | lifang@qq.com     | 2021-06-01 11:15:20 |
| 4   | 张兰     | 123456   | 女  | zhanglan@qq.com   | 2021-06-06 17:04:02 |
+-----+----------+----------+-----+-------------------+---------------------+
```

图 12-2　users 表中默认数据

2. 在 Laravel 框架中配置数据库

Laravel 框架中，数据库的配置文件是 config\database.php。打开该文件，找到与配置 MySQL 数据库相关的代码，如图 12-3 所示。

在上述代码中，与连接 MySQL 数据库最相关的配置就是矩形框中的部分。这些配置大都是通过 env()函数进行加载的。env()函数是用于读取 Laravel 根目录下“.env”文件中的配置信息，如果对应的配置项不存在，则使用 config\database.php 中对应的默认值。也就是说，如果数据库连接的相关参数在“.env”文件中进行了正确的配置，则可以对 config\database.php 文件不必再进行配置。因此，通常只要配置好“.env”文件就可以了。

“.env”文件用来保存项目相关的配置信息。打开“.env”文件，找到数据库的配置后进行修改，修改后的结果如图 12-4 所示。

```
'mysql' => [
    'driver' => 'mysql',
    'url' => env('DATABASE_URL'),
    'host' => env('DB_HOST', '127.0.0.1'),          //主机名或IP
    'port' => env('DB_PORT', '3306'),               //端口号
    'database' => env('DB_DATABASE', 'forge'),      //数据库名
    'username' => env('DB_USERNAME', 'forge'),      //用户名
    'password' => env('DB_PASSWORD', ''),           //密码
    'unix_socket' => env('DB_SOCKET', ''),
    'charset' => 'utf8mb4',
    'collation' => 'utf8mb4_unicode_ci',
    'prefix' => '',
    'prefix_indexes' => true,
    'strict' => true,
    'engine' => null,
    'options' => extension_loaded('pdo_mysql') ? array_filter([
        PDO::MYSQL_ATTR_SSL_CA => env('MYSQL_ATTR_SSL_CA'),
    ]) : [],
],
```

图 12-3 config\database.php 中配置 MySQL 相关代码

```
DB_CONNECTION=mysql
DB_HOST=127.0.0.1
DB_PORT=3306
DB_DATABASE=shopdata
DB_USERNAME=root
DB_PASSWORD=secret
```

图 12-4 “.env”文件中的数据库配置项

上述配置表示连接 MySQL 服务器，服务器地址为 127.0.0.1，端口号为 3306，数据库名为 shopdata，用户名是 root，密码是 secret。

12.1.2 使用 DB 类操作数据库

在 Laravel 中，DB 类对常用的数据库操作进行了封装，可以完成数据的查询、添加、修改和删除等操作。对应一些复杂的需求，也可以手工编写 SQL 语句，交由 DB 类以运行原生 SQL 代码的方式进行执行。

12.1.2

使用 DB 类操作数据库，首先必须要引入 DB 类，引入方法如下。

```
use DB;
```

1. 查询数据

（1）全表查询

全表查询使用 get()方法，其语法格式如下。

```
$data = DB::table('表名')->get();
```

说明： get()方法返回的是一个集合，需要通过循环语句取出里面的每一条记录。每一条记录都是一个对象，通过访问对象的属性来获取字段的值。

若是要查询指定字段的数据，其语法格式如下。

$data = DB::table('表名')->get(['字段名1', '字段名2', '字段名3', ...]);

或

$data = DB::table('表名')->select('字段名1', '字段名2', '字段名3', ...)-> get();

例如，查询 users 表中所有数据。

$data = DB::table('users')->get();

查询 users 表中只包含用户名和密码的数据。

$data = DB::table('users')->get(['username', 'password']);

（2）指定条件查询

指定条件查询也是使用 get()方法，但在调用 get()方法之前，使用 where()方法指定查询条件，其语法格式如下。

$data = DB::table('表名')->where('字段名', '运算符', '字段值')->get();

说明：

1）如果运算符为"="，运算符参数可以省略，则 where()方法也可以表示为：

where('字段名', '字段值')

2）如果查询条件有多个，可以在 where()方法的后面连续调用 where()表示 AND 条件，代码如下。

where('字段名1', '运算符1', '字段值1')->where('字段名2', '运算符2', '字段值2')->...

3）如果查询条件有多个，可以在 where()方法的后面连续调用 orWhere()表示 OR 条件，代码如下。

where('字段名1', '运算符1', '字段值1')->orWhere('字段名2', '运算符2', '字段值2')->...

4）对于多个 AND 关系的查询条件，且都是使用"="运算符的，则 where()方法也可以表示为：

where(['字段名1'=>'字段值1', '字段名2'=>'字段值2', ...])

例如，查询 users 表中性别为"男"的数据。

$data = DB::table('users')->where('sex', '男')->get();

查询 users 表中注册时间在"2021-6-1"之前的数据。

$$data = DB::table('users')->where('time', '<', '2021-6-1')->get();

查询 users 表中性别为"男"，且注册时间在"2021-6-1"之前的数据。

$data = DB::table('users')->where('sex','男')->where('time','<','2021-6-1')->get();

（3）分页查询

分页查询使用 limit()和 offset()方法来实现，其语法格式如下。

$data = DB::table('表名')->limit('记录数')->offset('偏移量')->get();

例如，"limit(5)->offset(1)"相当于 SQL 语句中的"LIMIT 1, 5"。

(4)查询结果排序

查询结果排序使用orderBy()方法来实现,其语法格式如下。

```
$data = DB::table('表名')->orderBy('字段名', '排序规则')->get();
```

说明:排序规则可以是asc(升序)或者desc(降序)。

例如,查询users表中性别为"男"的数据,并按照注册时间的降序排列。

```
$data = DB::table('users')->where('sex', '男')->orderBy('time', 'desc')->get();
```

(5)单行查询

单行查询使用first()方法,其语法格式如下。

```
$data = DB::table('表名')->where('字段名', '运算符', '字段值')->first();
```

说明:first()方法返回的是一个对象,代表一条记录。通过访问对象的属性来获取字段的值。

例如,查询users表中uid为1的数据,并获取用户名的值。

```
$data = DB::table('users')->where('uid', 1)->first();
if ($data){
    $username = $data->username;
}
```

获取users表中最早注册的用户名和注册时间。

```
$data = DB::table('users')->orderBy('time','asc')->limit(1)->offset(0)->first();
if ($data){
    $username = $data->username;
    $time = $data->time;
}
```

【示例12-1】 查询users表中所有用户数据,并以表格的形式显示查询结果。

【操作步骤】

1)打开 app\Http\Controllers\UserController.php 文件,首先引入 DB 类,然后修改类中userList()方法的代码,代码如下。

```
use DB;      //引入DB类

class UserController extends Controller
{
    ……(原有代码省略)
    public function userList(){
        $data = DB::table('users')->get();
        return view('admin/userList')->with('data', $data);
    }
    ……(原有代码省略)
}
```

在以上代码中,也可以根据需要设置为条件查询,例如,查询所有性别为"男"的用户,则代码可以更改为:

```
$data = DB::table('users')->where('sex', '男')->get();
```

2)在浏览器地址栏中输入:http://userPro.test/admin/userList,执行结果如图12-5所示。

从以上执行结果可以看出，显示的数据来源于数据库中 users 表的记录。

2. 添加数据

添加数据使用 insert()方法，返回值为 true 或 false，表示添加是否成功。其语法格式如下。

```
$result = DB::table('表名')->insert($data);
```

说明：$data 是一个数组，表示要添加数据。若是一维数组，则表示添加一条数据；若是二维数组，则表示添加多条数据。数组的键名对应数据表的字段名。

【示例 12-2】 向 users 表中添加一条用户数据，并输出返回值。

【操作步骤】

1）打开 app\Http\Controllers\UserController.php 文件，在该控制器类中定义方法 userAdd()，代码如下。

```
public function userAdd(Request $request){
    $data = ['username'=>'admin', 'password'=>'123456', 'sex'=>'男'];
    $result = DB::table('users')->insert($data);
    dump($result);
}
```

在以上代码中，dump()是 Laravel 框架中自带的用于打印输出的函数。

2）打开 routes\web.php 文件，添加如下代码。

```
Route::get('/admin/userAdd', 'UserController@userAdd');
```

3）在浏览器地址栏中输入：http://userpro.test/admin/userAdd，执行结果如图 12-6 所示。

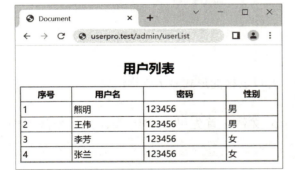

图 12-5　用户查询执行结果列表显示

图 12-6　添加数据执行结果

打开 users 表进行查看，可以发现该条数据已经添加到数据表中。

3. 修改数据

修改数据使用 update()方法，返回值为受影响的行数。其语法格式如下。

```
$result = DB::table('表名')->update($data);
```

或

```
$result = DB::table('表名')->where('字段名', '运算符', '字段值')->update($data);
```

说明：$data 是一个数组，表示要修改的数据。

例如，把 users 表中 uid 为 1 的用户的密码修改为 "123"，可以编写如下代码。

```
$data = ['password'=>'123'];
```

```
DB::table('users')->where('uid', 1)->update($data);
```

4. 删除数据

删除数据使用 delete()方法，返回值为删除的行数。其语法格式如下。

```
$result = DB::table('表名')->delete();
```

或

```
$result = DB::table('表名')->where('字段名', '运算符', '字段值')->delete();
```

例如，删除 users 表中 uid 为 1 的用户记录，可以编写如下代码。

```
DB::table('users')->where('uid', 1)->delete();
```

也可以使用 truncate()方法清空整个数据表，其语法格式如下。

```
DB::table('表名')->truncate();
```

5. 执行原生 SQL 语句

在 Web 开发中，如果遇到一些复杂的 SQL，无法使用以上封装好的方法来实现，此时可以通过 DB 类直接执行原生 SQL 语句的方式来解决。但一般情况下不建议使用这种方式，因为 Laravel 封装好的方法功能更强、可读性更好、安全性更高。

（1）执行查询语句

执行查询语句使用 DB::select()方法，返回值为查询结果集。其语法格式如下。

```
$data = DB::select($sql, $parameter);
```

说明：$sql 表示一条带有参数的 select 语句；$parameter 表示以数组的形式传递参数的值。若不带有参数，则第 2 个参数$parameter 省略。

例如，查询 users 表中所有数据，可以编写如下代码。

```
$sql = "select * from users";
$data = DB::select($sql);
```

查询 users 表中性别为"男"的数据，可以编写如下代码。

```
$sql = "select * from users where sex=?";
$data = DB::select($sql, ['男']);
```

（2）执行插入语句

执行插入语句使用 DB::insert()方法，返回值为 TRUE 或 FALSE。其语法格式如下。

```
$result = DB::insert($sql, $parameter);
```

说明：$sql 表示一条带有参数的 insert 语句；$parameter 表示以数组的形式传递参数的值。

例如，向 users 表中添加一条数据，可以编写如下代码。

```
$sql = "insert into users(username, password, sex) values(?, ?, ?)";
$result = DB::insert($sql, ['Rose', '123456', '女']);
```

（3）执行修改语句

执行修改语句使用 DB::update()方法，返回值为受影响的行数。其语法格式如下。

```
$result = DB::update($sql, $parameter);
```

说明：$sql 表示一条带有参数的 update 语句；$parameter 表示以数组的形式传递参数的值。

例如，把 users 表中 uid 为 2 的用户的密码修改为"123"，可以编写如下代码。

```
$sql = "update users set password=? where uid=?";
$result = DB::update($sql, ['123', 2]);
```

（4）执行删除语句

执行删除语句使用 DB::delete()方法，返回值为删除的行数。其语法格式如下。

```
$result = DB::delete($sql, $parameter);
```

说明：sql 表示一条带有参数的 delete 语句；$parameter 表示以数组的形式传递参数的值。若不带有参数，则第 2 个参数 $parameter 省略。

例如，删除 users 表中 uid 为 2 的用户记录，可以编写如下代码。

```
$sql = "delete from users where uid=?";
$data = DB::update($sql, [2]);
```

12.1.3 使用模型操作数据库

Laravel 框架中内置了一个名称为 Eloquent 的模型组件，其采用了 ORM（对象关系映射）的设计思想。ORM 通过在 Laravel 中构建模型类，并使模型与数据库表建立一一对应的映射关系，它将数据库中的表作为类，表中的记录作为对象，表中的字段作为属性，从而建立一个可在编程语言里使用的"虚拟对象数据库"，实现对数据库的操作。

12.1.3

1．创建模型

模型是数据表在面向对象编程语言中的映射，可以使用 php artisan 命令来创建一个模型，其语法格式如下。

```
php artisan make:model 模型名
```

说明：模型的命名为"表名.php"的形式，其中表名的首字母大写。默认情况下，生成的模型文件存放在 Laravel 框架的 app 目录中。

例如，创建一个名称为"Member"模型的命令如下。

```
php artisan make:model Member
```

再创建一个名称为"User"的模型，将该模型文件保存在 app\model 目录下，创建命令如下。

```
php artisan make:model model/User
```

使用模型操作数据库，首先必须要引入模型类。以引入 model/User 模型类为例，其引入方法如下。

```
use App\model\User;
```

2．模型的约定规则

模型需要与数据库表建立一一对应关系后，才能访问、操作数据库表。为了实现模型与数据库表的快速绑定功能，模型默认遵循如下约定规则。

（1）表名的约定

模型对应的表名默认约定为类名的小写复数形式。例如，User 类对应的表名默认约定为 users。

如果不遵循这个对应表名的默认约定，可以在模型类中使用$table 属性来指定。

例如，设置 User 模型对应的表名为 user，则在 User 类中添加如下代码。

```
protected $table = 'user';
```

（2）主键的约定

模型对应的数据表中默认约定有一个字段名为 id 的整型自增主键。

如果数据表的主键名不是 id，可以在模型类中使用$primaryKey 属性来指定。

例如，设置 User 模型对应数据表的主键名为 uid，则在 User 类中添加如下代码。

```
protected $primaryKey = 'uid';
```

（3）时间戳的约定

是否自动维护时间戳，默认为 true。当为 true 时，默认数据表中有 created_at（创建时间）和 updated_at（更新时间）两个字段，并且由模型自动维护这两个字段。

如果数据表中不包含这两个字段，或者只包含其中一个，或者不希望由模型自动维护，可以在模型类中设置$timestamps 属性为 false 即可。

例如，设置 User 模型不自动维护时间戳，则在 User 类中添加如下代码。

```
public $timestamps = false;
```

这样设置以后，就允许数据表中可以不含 created_at 和 updated_at 时间戳字段。

（4）白名单与黑名单

模型可以进行批量赋值，将表单提交过来的所有信息直接添加到数据表。当使用 fill()方法添加数据时，必须要先定义$fillable 或 guarded 属性来指定白名单字段或黑名单字段。$fillable 属性用于指定允许自动填充的模型字段，而$guarded 属性用于指定不允许自动填充的模型字段。它们的格式为一维数组，且它们只能二选一。

例如，设置 User 模型的白名单字段为 username、password、sex、email，则在 User 类中添加如下代码。

```
protected $fillable = ['username', 'password', 'sex', 'email'];
```

3．使用模型查询数据

（1）get()方法

模型的 get()方法类似于 DB 类的 get()方法，返回的都是一个对象集合（一个是模型对象集合，一个是普通对象集合），其语法格式如下。

```
$data = 模型名::where('字段名', '运算符', '字段值')->get();
```

说明：在 get()方法前面，可以通过调用 where()、select()等方法实现指定条件或者指定字段的查询。

例如，使用模型 User 查询数据表中性别为"男"的数据。

```
$data = User::where('sex', '男')->get();
```

（2）all()方法

模型的 all()方法用来查询数据表中的所有记录，返回的是一个模型对象集合，其语法格式如下。

```
$data = 模型名::all();
```

说明：在 all()方法前面，不能调用 where()、select()等查询方法。

例如，使用模型 User 查询数据表中所有数据。

```
$data = User::all();
```

（3）find()方法

模型的 find()方法用来根据主键查询记录，返回的是一个模型的实例对象，其语法格式如下。

```
$data = 模型名::find('主键值');
```

例如，使用模型 User 查询数据表中主键为"2"数据。

```
$data = User::find(2);
```

【示例 12-3】 使用模型查询 users 表中所有用户数据，并以数据表格的形式显示查询结果。

【操作步骤】

1）在项目文件夹 UserPro 中启动命令行窗口，输入创建 model/User 模型的命令后按〈Enter〉键，如图 12-7 所示。

图 12-7　创建 model/User 模型

2）打开 app\model\User.php 文件，在类中定义如下属性。

```
class User extends Model
{
    protected $primaryKey = 'uid';   //设置主键为uid
}
```

3）打开 app\Http\Controllers\UserController.php 文件，首先引入 model/User 类，然后修改类中 userList()方法的代码，如下所示。

```
use App\model\User;      //引入model/User 类
class UserController extends Controller
{
    …（原有代码省略）
    public function userList(){
        $data = User::all();
        return view('admin/userList')->with('data', $data);
    }
    …（原有代码省略）
}
```

在以上代码中，也可以根据需要设置为条件查询，例如，查询所有性别为"男"的用户，则代码可以更改为：

```
$data = User::where('sex', '男')->get();
```

4）在浏览器地址栏中输入：http://userPro.test/admin/userList，执行结果与图 12-5 相同。

4. 使用模型添加数据

（1）模型对象的 save()方法

如果需要向数据表中添加一条记录，首先创建模型实例对象、然后给对象的属性设置需要添加的值（对象的属性对应了数据表中的字段）、最后再调用 save()方法执行添加操作。

例如，使用模型 User 向数据表中添加一条数据（save()方法）。

```
$user = new User();
$user->username = 'Tom';
$user->password = '123456';
$user->sex = '男';
```

```
$user->save();
```

（2）模型对象的 fill()方法

fill()方法用来以数组的方式为模型填充数据，数组的键名对应字段名。fill()方法同样需要首先创建模型实例对象，最后调用 save()方法执行添加操作。

另外，在使用 fill()方法前，需要先在模型类型中定义$fillable 属性值为允许填充的字段。fill()方法在用于收集表单信息、把表单数据自动添加到数据库的操作中非常方便。

例如，使用模型 User 向数据表中添加一条数据（fill()方法）。

```
$data = ['username'=>'Rose', 'password'=>'123456', 'sex'=>'女'];
$user = new User();
$user = fill($data);
$user->save();
```

（3）模型类的 insert()方法

使用模型类的 insert()方法也可以实现数据的添加操作。

例如，使用模型 User 向数据表中添加一条数据（insert()方法）。

```
$data = ['username'=>'Peter', 'password'=>'123456', 'sex'=>'男'];
User::insert($data);
```

【示例 12-4】 使用 User 模型向数据表中添加一条用户数据（通过表单实现，添加后跳转到用户列表页面）。

【操作步骤】

1）在 resources\views\admin 目录下创建 userAdd.blade.php 文件，具体代码如下。

```
<!DOCTYPE html>
<html>
    <head>
        <meta charset="utf-8">
        <title>添加用户</title>
    </head>
    <body>
        <form action="{{url('/admin/userAdd')}}" method="post">
            用户名：<input type="text" name="username" /><br/>
            密码：<input type="password" name="password" /><br/>
            性别：<input type="text" name="sex" /><br/>
            <input type="submit" value="添加" />
            {{csrf_field()}}
        </form>
    </body>
</html>
```

在以上 HTML 代码中，注意把各表单元素的 name 属性值设置成与其相对应的字段名称一致。另外，需要注意<form>标签"action"属性的设置。

2）打开 app\model\User.php 文件，在类中定义如下属性。

```
class User extends Model
{
    protected $primaryKey = 'uid';    //设置主键为uid
    //设置白名单字段
    protected $fillable = ['username', 'password', 'sex', 'email'];
    public $timestamps = false;       //不自动维护时间戳
}
```

3）打开 routes\web.php 文件，添加如下代码。

```
Route::post('/admin/userAdd', 'UserController@userAdd');
```

4）打开 app\Http\Controllers\UserController.php 文件，修改类中 userAdd()方法的代码，如下所示。

```
public function userAdd(Request $request){
    if ($request->isMethod('get')){
        return view('admin/userAdd');
    }
    else{
        $user = new User();
        $user->fill($request->all());
        $user->save();
        return redirect('/admin/userList');
    }
}
```

在以上代码中，通过 Request 对象的 isMethod()方法判断是 GET 请求，还是 POST 请求，根据不同的请求执行不同的代码。GET 请求用来加载 admin.userAdd 视图文件；POST 请求用来提交保存数据的添加操作，在该操作中，使用 $request->all()方法获取表单数据，再使用 fill()方法把表单数据自动添加到数据表中，但在使用 fill()方法之前需要在 User 模块中设置 $fillable 属性。

也可以使用给对象属性分别赋值的方式来实现，则更改代码如下。

```
$user = new User();
$user->username = $request->username;
$user->password = $request->password;
$user->sex = $request->sex;
$user->save();
```

5）浏览器地址栏中输入：http://userPro.test/admin/userAdd，执行结果如图 12-8 所示。

用户名输入"Mike"，密码输入"123456"，性别输入"男"，单击"添加"按钮，跳转到如图 12-9 所示的页面。

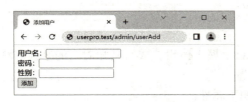

图 12-8　添加用户页面　　　　　　　　图 12-9　用户列表页面

5．使用模型修改数据

（1）模型对象的 save()方法

如果需要修改数据表中的数据，首先查询出需要修改的记录（模型对象），然后给对象的属性设置需要更改的值，最后再调用 save()方法执行修改操作。

例如，使用模型 User 把数据表中主键为"1"用户的密码更改为"ccit123"。

```
$user = User::find(1);
if($user){
    $user->password = 'ccit123';
    $user->save();
}
```

（2）模型类的 update()方法

使用模型类的 update()方法也可以实现数据的修改操作。

例如，使用模型 User 把数据表中男用户的密码更改为"123"。

```
$data = ['password'=>'123'];
User::where('sex', '男')->update($data);
```

6. 使用模型删除数据

（1）模型对象的 delete()方法

如果需要删除数据表中的数据，首先查询出需要删除的记录（模型对象），然后调用对象的 delete()方法执行删除操作。

例如，使用模型 User 删除数据表中主键为"1"的记录。

```
$user = User::find(1);
if($user){
    $user->delete();
}
```

（2）模型类的 delete()方法

使用模型类的 delete()方法也可以实现数据的删除操作。

例如，使用模型 User 删除数据表中性别为"男"的记录。

```
User::where('sex', '男')->delete();
```

12.2 用户信息管理实例（Laravel 框架实现）

下面将使用 Laravel 框架来实现第 10 章中的用户信息管理实例。通过不用的技术，实现同样的案例，完成同样的功能，有助于比较和体验原生 PHP 开发技术与 Laravel 框架开发技术的区别。

在第 10 章的用户信息管理实例中，已提供有分别存放在 css、fonts、images、js 文件夹中的网页效果支撑素材，以及页面模板文件（index.html、userAdd.html、userUpdate.html）。首先做好以下准备工作。

1）Laravel 框架准备：使用已创建的 Laravel 框架项目 userPro。如果需要，也可以创建一个新的 Laravel 框架项目。

2）数据准备：使用在第 10 章中创建的 shopData 数据库，以及其中的 users 表。

3）配置数据库：打开 Laravel 根目录下".env"文件，确保数据库的配置信息正确。

4）创建公开的静态资源：把 css、fonts、images、js 文件夹都复制到 Laravel 的 public 目录下。

5）创建视图文件：在 resources\views 目录下创建子目录 userManage，把模板文件 index.html、userAdd.html、userUpdate.html 都复制到 resources\views\userManage 目录下，并分别重新命名为 index.blade.php、userAdd.blade.php、userUpdate.blade.php。

6）创建 User 控制器：在项目文件夹 UserPro 中启动命令行窗口，在命令行窗口中输入并执行如下语句，则在 app\Http\Controllers\userMange 目录下创建 User 控制器。

```
php artisan make:controller userManage/UserController
```

7）创建 User 模型：由于之前已在 app\model 目录下面创建有 User 模型，本实例将直接使用该模型，打开 app\model\User.php 文件，确保在类中已定义有如下属性。

```
protected $primaryKey = 'uid';
protected $fillable = ['username', 'password', 'sex', 'email'];
public $timestamps = false;
```

12.2.1 用户列表主页面

【实现功能】通过访问 http://userPro.test/userManage 或 http://userPro.test/userManage/index，以列表形式显示数据表中所有用户记录，并提供"添加""修改"和"删除"的入口操作。

12.2.1

【操作步骤】

1）打开 routes\web.php 文件，添加如下代码。

```
Route::get('/userManage', 'userManage\UserController@index');
Route::get('/userManage/index', 'userManage\UserController@index');
```

2）打开 app\Http\Controllers\userManage\UserController.php 文件，首先引入 model/User 类，然后在类中定义方法 index()，代码如下。

```
use App\model\User;        //引入model/User类
class UserController extends Controller
{
    public function index(){
        $data = User::all();
        return view('userManage.index')->with('data', $data);
    }
}
```

3）打开 resources\views\userManage\index.blade.php 文件，修改 <tbody> 标签中的代码，如下所示。

```
<tbody>
    @foreach($data as $row)
    <tr>
        <td>{{$row->uid}}</td>
        <td>{{$row->username}}</td>
        <td>{{$row->password}}</td>
        <td>{{$row->email}}</td>
        <td>{{$row->sex}}</td>
        <td>
            <a href="{{url('/userManage/userUpdate', $row->uid)}}">编辑</a>
            <a href="{{url('/userManage/userDelete', $row->uid)}}" onclick="return confirm('确实要删除吗？');">删除</a>
        </td>
    </tr>
    @endforeach
</tbody>
```

在以上代码中，在每一行数据的后面，都设置了"编辑"和"删除"的超链接，用于修改或删除当前记录。在给<a>标签的"href"属性赋值时，使用 url()函数把指定路由生成一个完整的网址，并把当前记录的 uid 属性值作为路由参数进行传递。

4）在 resources\views\userManage\index.blade.php 文件中，修改菜单导航<nav>标签中的代码，如下所示。

```
<nav class="templatemo-top-nav col-lg-12 col-md-12">
    <ul class="text-uppercase">
        <li><a href="{{url('/userManage/userAdd')}}">添加用户</a></li>
        <li><a href="{{url('/userManage/index')}}" class="active">用户列表</a></li>
    </ul>
</nav>
```

在以上代码中，提供了"添加用户"和"用户列表"的超链接导航菜单。在给<a>标签的"href"属性赋值时，使用 url()函数把指定路由生成一个完整的网址。在 userAdd 和 userUpdate 视图文件中，该导航菜单需要做同样设置。

5）在 resources\views\userManage\index.blade.php 文件中，修改<link>和<script>标签中的代码，如下所示。

```
<link href="{{asset('css/font-awesome.min.css')}}" rel="stylesheet">
<link href="{{asset('css/bootstrap.min.css')}}" rel="stylesheet">
<link href="{{asset('css/templatemo-style.css')}}" rel="stylesheet">
<script type="text/javascript" src="{{asset('js/jquery-1.11.2.min.js')}}"></script>
<script type="text/javascript" src="{{asset('js/bootstrap-filestyle.min.js')}}"></script>
<script type="text/javascript" src="{{asset('js/templatemo-script.js')}}"></script>
```

在以上代码中，使用<link>标签引入 CSS 样式文件，使用<script>标签引入 JavaScript 客户端脚本文件。在设置<link>标签的"href"属性和<script>标签的"src"属性时，使用 asset()函数把指定路由生成一个完整的网址。在 userAdd 和 userUpdate 视图文件中，<link>和<script>标签中的代码需要做同样设置。

6）在浏览器地址栏中输入：http://userPro.test/userManage 或http://userPro.test/userManage/index，执行结果如图 12-10 所示。

图 12-10　用户列表主页面

12.2.2　添加用户

【实现功能】在用户列表主页面上单击导航菜单中的"添加用户"，可显示添加用户表单，添加操作完成以后再跳转到用户列表主页面。

【操作步骤】

1）打开 routes\web.php 文件，添加如下代码。

```
Route::get('/userManage/userAdd', 'userManage\UserController@userAdd');
Route::post('/userManage/userAdd', 'userManage\UserController@userAdd');
```

2）打开 app\Http\Controllers\userManage\UserController.php 文件，在类中定义方法 userAdd()，代码如下。

```
public function userAdd(Request $request){
    if ($request->isMethod('get')){
        return view('userManage.userAdd');
    }
    else{
        $user = new User();
        $user->fill($request->all());
        $user->time = date('Y-m-d H:i:s');
        $user->save();
        return redirect('/userManage');
    }
}
```

在以上代码中，通过 Request 对象的 isMethod()方法判断是 GET 请求，还是 POST 请求，根据不同的请求执行不同的代码。GET 请求用来加载 userManage.userAdd 视图文件；POST 请求用来提交保存数据的添加操作，在该操作中使用 fill()方法把表单数据自动添加到数据表中。

3）打开 resources\views\userManage\userAdd.blade.php 文件，设置<form>标签的"action"属性，并在<form>标签中添加一行"{{csrf_field()}}"的代码，如下所示。

```
<form action="{{url('/userManage/userAdd')}}" method="post">
    ……（原有代码省略）
    {{csrf_field()}}
</form>
```

在以上代码中，在给<form>标签的"action"属性赋值时，使用 url()函数把指定路由生成一个完整的网址。

4）在用户列表主页面上单击导航菜单中的"添加用户"，进入"添加用户"页面，如图 12-11 所示。

用户名输入"admin"，密码输入"123456"，邮箱输入"admin@qq.com"，性别选择"男"，单击"添加"按钮，即可完成对当前用户数据的添加，并跳转到如图 12-12 所示的页面。

图 12-11　添加用户页面

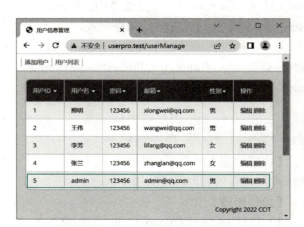

图 12-12　用户列表主页面（添加后）

12.2.3 删除用户

【实现功能】在用户列表主页面上单击某一条用户记录后面的"删除",在弹出的确认对话框中单击"确定"按钮以后即可完成删除。

12.2.3

【操作步骤】

1) 打开 routes\web.php 文件,添加如下代码。

```
Route::get('/userManage/userDelete{uid}', 'userManage\UserController@userDelete');
```

2) 打开 app\Http\Controllers\userManage\UserController.php 文件,在类中定义方法 userDelete(),代码如下。

```
public function userDelete(Request $request){
    $uid = $request->uid;
    $user = User::find($uid);
    if($user){
        $user->delete();
    }
    return redirect('/userManage');
}
```

3) 在用户列表主页面上单击"admin"用户记录后面的"删除",执行结果如图 12-13 所示。

图 12-13 确认删除对话框

单击"确定"按钮后即可完成对当前"admin"用户记录的删除。

12.2.4 修改用户信息

【实现功能】在用户列表主页面上单击某一条用户记录后面的"编辑",可显示修改用户表单,并把该用户信息显示在表单中,修改操作完成以后再跳转到用户列表主页面。

12.2.4

【操作步骤】

1) 打开 routes\web.php 文件,添加如下代码。

```
Route::get('/userManage/userUpdate/{uid}', 'userManage\UserController@userUpdate');
Route::post('/userManage/userUpdate/{uid}', 'userManage\UserController
```

@userUpdate');

2）打开 app\Http\Controllers\userManage\UserController.php 文件，在类中定义方法 userUpdate()，代码如下。

```php
public function userUpdate(Request $request){
    $uid = $request->uid;
    $user = User::find($uid);
    if ($request->isMethod('get')){
        if ($user){
            return view('userManage.userUpdate')->with('user', $user);
        }
        else{
            return '当前用户记录不存在！';
        }
    }
    else{
        if ($user){
            $user->username = $request->input('username');
            $user->password = $request->input('password');
            $user->sex = $request->input('sex');
            $user->email = $request->input('email');
            $user->save();
        }
        return redirect('/userManage');
    }
}
```

在以上代码中，首先获取路由参数 uid 的值，然后根据该 uid 查询出需要修改的用户记录。并在 GET 请求中把查询出来的用户数据传递到 userManage.userUpdate 视图文件中；POST 请求用来提交保存数据的修改操作。

3）打开 resources\views\userManage\userUpdate.blade.php 文件，设置<form>标签的"action"属性以及各标签元素的"value"属性等，并在<form>标签中添加一行"{{csrf_field()}}"的代码，如下所示。

```html
<form action="{{url('/userManage/userUpdate', $user->uid)}}" method="post">
    ...
    <label>用户名</label>
    <input type="text" name="username" value="{{$user->username}}" />
    ...
    <label>密码</label>
    <input type="password" name="password" value="{{$user->password}}" />
    ...
    <label>邮箱</label>
    <input type="email" name="email" value="{{$user->email}}" />
    ...
    <label>性别</label>
    ...
    <input type="radio" name="sex" value="男" @if($user->sex=="男") checked @endif />
    <label><span></span>男</label>
    ...
    <input type="radio" name="sex" value="女" @if($user->sex=="女") checked @endif />
```

```
            <label><span></span>女</label>
            ...
            <button type="submit">修改</button>
            <button type="reset">重置</button>
            ...
            {{csrf_field()}}
</form>
```

在以上代码中，在给<form>标签的"action"属性赋值时，使用 url()函数把指定路由生成一个完整的网址，并把 $user 对象的 uid 属性值作为路由参数进行传递。同时使用传递到该视图文件中的 $user 对象给表单元素进行赋值。

4）在用户列表主页面上单击"李芳"用户记录后面的"编辑"，进入修改用户页面如图 12-14 所示。

默认把选择修改的用户信息显示在表单中。把密码修改为"123"，单击"修改"按钮，即可完成对当前用户数据的修改，并跳转到如图 12-15 所示的页面。

图 12-14　修改用户页面

图 12-15　用户列表主页面（修改后）

12.3　习题

1．Laravel 框架自定义的模型默认存放在哪个目录中？

2．将习题 10.6 中的商品信息管理网站使用 Laravel 框架进行改写实现，并要求使用模板继承来设计页面。

参 考 文 献

[1] 鲁大林. PHP+MySQL 动态网页设计[M]. 北京：机械工业出版社，2017.
[2] 工业和信息化部教育与考试中心. Web 前端开发：中级[M]. 北京：电子工业出版社，2019.
[3] 黑马程序员. Laravel 框架开发实战[M]. 北京：人民邮电出版社，2021.